Hood + counter.

LIFE

家与美好生活

蔡颖卿 著

北京时代华文书局

『人造住宅，住宅造人。』

——温斯顿·丘吉尔（Winston Churchill）

一个美好的空间所能带给人的安慰，是其他事物难以比美的；

同样的，能使空间发展本有优势的是『人』，只有人才能付出照顾，关怀与设想。

愿我们都能好好珍惜和所有空间相处的经验，

用自己的生活力量来积存整个社会的富乐，用爱护善用来表达我们对空间的敬意。

Contents

| 序文 |

“触类旁通”的生活家

从烹调跨界到室内设计，全凭蔡颖卿的直觉与想象力。
她从生活经验中学习到“触类旁通”：
用切比萨的方法切砖块、用刨柴鱼的方法刨木头，
突破了“工法”上的限制，也因此少了一点匠气、多了一点灵气。

台湾成功大学中文系退休教授 **唐亦男**

出版社编辑部来信邀稿，这是我答应蔡颖卿的先生，要替他夫人的新书写序。在电话中我只简单地问了两句，就要编辑把稿子寄来。结果放下听筒，我开始纳闷，为什么不是蔡颖卿而是她的先生？当我收到《回到餐桌，回到生活》一书以及《家与美好生活》的文稿后， 一方面赞叹概念的创意，将饮食与居住比喻为精彩的艺术表演；一方面则欣赏聚焦在食物和空间那丰富多彩的镜头，原来这位将工作之余完全奉献给妻子的业余摄影师，正是那个“成功女性背后的男人”。蔡颖卿的著作，都是他们两人同心协力下，通过不断地沟通、设想、讨论，克服种种困难而完成的，所谓“二人同心，其利断金”。最大的妙处是夫妻的感情也愈加紧密。

出版社对蔡颖卿的介绍是“知名的畅销作家、生活工作教育者”。中文系出身，要成为作家并不难，但要成为一个知名的畅销作家，难度有点高，不但出的书要受欢迎，博客要有人点阅，每场演讲、每次签名会要有粉丝捧场，而且跟影视歌星一样，还必须具有个人的特色和魅力，才能吸引众人眼光。我很好奇，她是怎么办到的？

大多数中文系同学不是继续念硕、博士，就是到学校教书、谋一份安定的工作，蔡颖卿却反其道而行，一毕业就选择嫁人，而且是用最传统的方式，亦即“相亲”，找到她的另一半，并从此用心经营自己的家庭。我检视了她所有的畅销作品，几乎都是以家庭为中心，延伸出一系列有关亲子教育、烹调厨艺的书。如今有很多人视家庭为重担、视婚姻如枷锁，例如日前看到电视台报道，根据他们的调查，今年母亲节最不受欢迎的礼物就是锅

具，每个受访的妈妈一手拿着锅子、一边大声抱怨每天煮饭都快累死了，过节不会送点不一样的吗？如果听到蔡颖卿告诉你：“烧菜是一种表演。”“烧菜的人最快乐。”你会发现，原来家庭主妇一样有成就感，一样可以活得很精彩。

我承认我错了，因为我总是叮咛女生：工作第一，婚姻其次；因为经济独立，人格才可能独立。而蔡颖卿则是把操持家务以及养育两个女儿，当作她的基本功，并且继承她父母的苦干基因、奉妈妈的话为经典，再加上她的智慧、敏锐的观察力，她从家庭的经营中领悟到了人生的价值，从厨房的实作中了解了生活的意义。

蔡颖卿用“天马行空”来形容自己做事的方式，这本新书，好像是一本有关建筑的书，又不全然是，还要我写序，摆明了要考我这个老师。翻开书稿，有许多图片，醒目的标题写着“打造反哺之屋”。我恍然大悟，因为我的年龄与她父母相当，她想测试一下，让我以老人的观点，设身处地提出我的看法。

她首先声明，自己不是专业的建筑师，也不是室内设计师，却在她二哥意外买了一百多坪（坪，约合3.3057平方米），有二十多年历史的旧房子之后，接下了改造这个空间的任务。这一对儿女，一个出钱、一个出力，于是这一大片空间就成了她挥洒表演的舞台。从烹调跨界到室内设计，全凭她的直觉与想象力；把一座旧房子连根拔起，然后像一个大导演，外行指挥内行。她从生活经验中学习到“触类旁通”：用切比萨的方法切砖块、用刨柴鱼的方法刨木头，突破了“工法”上的限制，也因此少了一点匠气、多了一点灵气。

能打造一个老年之家，让父母安享余年，是一件多么开心及难能可贵的事，除了羡慕她的父母有如此多才多艺的孝顺女儿，我也试着以自己八十二岁的年龄，来谈谈我的感受：

一、假如我是她的爸妈，我一定坚持住在台东。虽然已住了多年，但很舒服，独门独院、简静安居，有自己的老朋友与熟习的生活机能。而如今的新居，美则美矣，“羁鸟恋旧林，池鱼思故渊”，老人家是很难适应新环境的。

二、假如我是她的老爸，我非常喜欢她为我设计的开放式书房，成为卧室与客厅之间的转圜区，非常有趣。以前我确实很喜欢阅读上网，现在人老了，看久了老眼昏花，而且我早已从职场退下，还需要那么努力去查参考数据吗？还不如替我装一套最好的音响，让我陶醉在乐声中。

三、假如我是她的老妈，我不否认我的一生都消磨在厨房，那是我的用武之地，利用巧手、从无到有，养活了一家三代人。如今我八十多岁了，全身酸痛、两腿发软，厨房再宽敞明亮、实用美观，反成为我沉重的负担。即使是五星上将，也有解甲归田的时候，我想起麦帅的名言：“老兵不死，只是凋零。”

据她自己说，“打造反哺之屋”的想法是来自于世界著名的建筑学者范裘利与现代建筑巨匠勒·柯布西耶，他们都曾在三十几岁时就为自己的母亲与父母亲设计居所，而世人就以“母亲的家”来代称他们的作品，所以她也想有机会为父母亲设计、并打点一个老年之家。她感谢她二哥、二嫂的一片孝心，而且完全信任她，她才能放手一搏，实现理想。我以上所说的其实都是“鸡蛋里挑骨头”，我是由衷地钦佩这位“无师自通”，懂得十八般武艺的高足，她对父母真“友好”，让天下读者“足感心”！

| 序文 |

设计者的美学，使用者的观点

归结各种空间的设计经验，Bubu首先强调“好好使用”“动手清洁”，
然后才谈颜色、质地、光线、隔间等一般空间设计教育的元素。
这正是专业设计教育跟使用者观点的重要差异——从使用者兼设计者的角度，
功能便利、易于清洁产生的舒适感，就是一种重要的空间质量。

台湾成功大学都市计划学系副教授 **孔宪法**

这是一本空间戏剧的侧写，穿梭在四种事业两个家族的五种场景里：砖厂、家、餐厅、医院、电影院，先后登场；核心是家，延伸到其他空间。我们都出入过这些剧场，受到这些空间的影响，但是未必细细注意过其中上演的空间剧目。

我们的一生始于家。在土地与建筑被专门的活动细分占领之前，家，通常并不是纯粹的“住宅”，它也是许多家庭营生的场所。砖，作者安排成一篇“自序”，开启后续的铺陈。我们通常把砖看成建材，不是建筑空间，然而这全书的第一个空间，几乎就是这本书的空间基石！砖，叠砌出Bubu童年的家庭经济基础，也垒筑成Bubu成年立家立业的岩心。砖，以其能够大量模制、相对轻巧、容易赋形的优势，在人类构筑空间的历史中，逐渐在西方取代石头，在东亚取代版筑，成为界范空间的主要建材，传统聚落触目可见的表里，积淀出稳重的美丽与岁月的厚实。这个剧场日日上演的家庭制砖事业剧，剪影了兼顾事业与家庭的能干母亲，把爱家与爱砖传给了幼年的Bubu。

电影院，在她十八岁那年，影业王子与砖业公主开启了童话故事的演出，串起了Bubu童年的家族与成年的家族。公主没有在走完红地毯后就成为影业王后，她选择了勇闯餐饮业的舞台。二十世纪八十年代是台湾战后富裕的代表时期，社会积累求新求变的动能与无畏精神，这位文学院气质浓厚的佳人站上了新浪潮头，走在第一批年轻人梦想开茶饮餐室行动之先，在化育她成长的大学门口，一九八六年提出新的饮食空间主张——B. B. House，具象地对比大学附近的传统餐厅。

台湾成功大学也在进行新的尝试，学生活动中心一楼出现了教职员餐厅，空间摆设自然不同于一般餐厅，有段时间是由台南知名的老牌排餐店进驻，主持人正巧是昔日好友如心的舅舅。我在一九八七年初回母校任教，一如学生时代的学研生活，往返于系馆、单身宿舍、学生餐厅与研究基地之间；我的舌尖意识与用餐空间依然学生，偶尔怀念留学泰国时旅游新加坡、马来西亚的风情，长荣路上的马来小馆已可圆梦，同事间比较正式的餐会在教职员餐厅，也就非常讲究了。

认识Bubu大约是在一九九五年年底从英国再度返回成功大学，通过医学院任教的好友金鼎，在成功大学医院简易餐厅里。对照《展现饮食生活的剧场》一章的年表，这已是Bubu经营的第四家餐厅。也是在这时，因为家族事业考虑，准备移居曼谷的Bubu向我探询泰国的生活状况，我们超越一般食客与主厨的舌尖味蕾辩证，开始进行空间与生活的对话。

有段时间我们比较常“见面”，那是Bubu在台南市凯旋路经营“轻食味自慢”的时候。我们总是习惯简称“味自慢”，读了本书书稿，才知道之前另有一个“味自慢”。当时幺儿还小，妻子在读博，亲族都在中、北部，两个大人拉扯三个小毛头，只我一份薪水，手头从不宽裕，我又不喜欢外食，但每两三个周末，就会全家到味自慢报到。每个人都有喜欢的餐点，泰式柠檬鸡、西班牙海鲜是必赏佳肴，餐后的点心是共同的期待。除了口腹之欲，舒适的空间也让我们身心松弛。

味自慢不仅是一间餐厅，除了雅致的陈设与创新的口味，还处处感觉得到一位年轻妈妈对家庭的理想与实践。我最喜欢的是那独特的A4家庭近况扉页，每个月看到Bubu家庭成员的一些趣事，主角通常是两个可爱的小朋友Abby与Pony，投射出家庭的温馨。有些时候，手工糕点就是小朋友们的作品，令人惊艳不已，她们成长的点点滴滴也进入了我们的餐饮。从“轻食味自慢”到“公羽家”这段时期，Bubu全家已经长年住在海外，但是台南的住家就在楼上，我们总喜欢顺便问她在不在家。偶尔，“味自慢”女主角恰巧回国，当她轻盈地出现在亲手塑造的餐厅里，对我们而言，空间剧场即到达了当晚的高潮。

诚如《永远离不开清洁的环境美学》所说：“空间是一个容器，装的‘生活’。”而生活的主体是其中的人。归结各种空间的设计经验，Bubu第一个强调的是“好好使用”“动手清洁”，是为环境美学的基础；然后，才谈颜色、形状、质地、光线、隔间等一般空间设计教育的元素。这正是专业设计教育跟使用者观点的重要差异之一。从实际用户兼设计者的角度，功能便利、易于清洁产生的舒适感，就是一种重要的空间质量。而设计专业教育在合理的功能设计逻辑基础上，突出视觉特色，在富裕社会追逐自我与时尚的风潮下，甚至往往牺牲前者，文胜于质；最终，使用者被遗忘，空间剧场徒留形式。

Bubu在书中引用丘吉尔的名言——“人造住宅，住宅造人”。二次世界大战之后，面对百废待举的重建，英国首相丘吉尔说出：“We shape our buildings; thereafter they shape us.”这样寓意深远的话，也可翻译成“人塑造空间，空间化育人”。书中追溯成功大学医院创院院长黄昆岩设立附设餐厅的宗旨在此，二十世纪美国都市史家路易斯·芒福德（Lewis Mumford）最关心的也是人类创造什么样的都市，而后又如何影响人类发展。路易斯·芒福德还创造了“都市戏剧”（urban drama）一词，强调市民才是戏码的主角，这个空间剧场也遥遥呼应了芒福德的都市戏剧。

最令我感动的还有“打造反哺之屋”。设计给高龄父母亲的空间，考虑的是：

这是父母亲的老年居家，也会是我们家人相聚时最重要的据点，所以我把厨房和餐厅的空间放到最大，以吻合我们这个家庭总是以饮食、以厨房为中心的生活方式。如果三代相聚时，我们至少有十几个人，而凝聚家人于厨房最好的方式并不是只有食物的引诱，还应该有足够的操作区，大家都有所贡献，相聚的气氛自然回到童年我们总是一起做家事的情景。

空间剧场里，再次嵌进了强大的磁场，安置了这个家庭的核心价值！

| 序文 |

空间是生活的舞台

Bubu让我们清楚地感受到，我们周遭的空间是和生活密切结合的。
我们在空间中呼吸和成长，所有的情绪和经历都在这里发生，
这也是为什么打造一个更美好的空间，
可以带给我们乐趣及安全感，甚至能提升对生活的了解与喜爱。

庞瑟室内设计事务所负责人 **蔡懿君**

Bubu（蔡颖卿），一位大家所熟悉的亲子作家，也是两个优秀女儿的母亲……

Bubu要叫我“姑姑”，因为我称呼Bubu的父亲为大哥、母亲为大嫂。虽然我们年纪相仿，但如果以设计师精确要求数字的标准来说，Bubu的“年资”确实是比我“资深”一些。

就从二〇一三年四月份的一通来电讲起吧。那天，身为室内设计师的我正忙着在工地现场收尾，准备交屋，突然接到一通电话，手机那端传来熟悉又亲切的声音。Bubu告诉我，她即将出版一本新书，希望我能写序，我顿时感到受宠若惊，脑袋竟是一片空白。

Bubu是既著名又受欢迎的亲子作家，找我这不擅亲子幼教又不熟悉文字创作的姑姑写序，我一时间还真不知如何回应。但经过Bubu耐心地说明，我了解到这本书是由她分享自己对于生活空间的种种观念，在她的盛情邀约下，我只有硬着头皮在繁杂的工务空档中，答应提笔写序。

我个人从事室内设计实务二十多年，看到这些年台湾的空间设计因巨大的经济增长，有了相当显著的进步与改变。早年的空间设计因一般人缺乏相关知识观念而有所局限，大都由设计师单向主导，来进行设计与规划；如今则拜媒体网络的普及发达，每个人都有更多机会吸收大量的信息，为自己量身定做生活空间。然而，就多年的实务观察来说，我看到很多个案不是一味抄袭、就是流于复制模式，而无法打造出自己内心真正渴望的生活空间，非常可惜。

Bubu的这本书，让读者更清楚地体会并感受到，我们周遭的空间其实是和生活密切结合在一起的。我们在空间中呼吸和成长，所有的情绪，包括喜、怒、哀、乐，甚至是每个人的生、老、病、死，都发生在这里。这也是为什么打造一个舒适安定的家、一个更美好的生活空间，可以带给自己和全家人乐趣及安全感，甚至能提升对生活的体验，同时衍生更新的了解与喜爱。

从某个角度来说，创作人的作品代表了创作人自己，呈现出她的想法、态度、生活、感受和价值观。而对于Bubu这本新作，与其从专业的室内设计角度，不如从生活实务的角度来仔细品味和欣赏。这本书让我们看到Bubu所创造的生活空间、阅读到Bubu的文字，品尝到Bubu用心烹调的三十道空间作品。我只能说，阅读这本书，是每一位喜爱Bubu的读者不能错过的美好体验，也希望所有的读者都能和我一样，用心去享受它。

| 序文 |

空间把我们带回更稳定的生活

在Bubu的眼中，每一个空间都有生命，

只有真心爱护空间的人，才会巧遇居住或使用的机缘。

要了解Bubu的空间设计，一定得以扎实生活为基础，才能领略其中的美妙，

她的设计是为生活服务，而非强调让人看见的外表。

本书摄影者 Eric

出版上一本书《回到餐桌，回到生活》时隔一年后，Bubu的这本新书又进入最后的编辑阶段。以这样的速度来看，一年一本书似乎可以形容她的出版速度，但身为最亲近的家人，我会说，这本书实在已经写了好几年，更是她用几十年来的实作数据与生活心情提炼而成的分享。她所经历的不只是装修经验的累积或变革，也是世道人心价值的存留或改变。

第一次感受到Bubu对空间的敏感是在订完婚，装修我们的新房时。当时父母把他们偶尔南下暂居的房子给我们住，所改装的只是作为我们新房的一个房间。订完婚后到结婚前的近两个月，Bubu特地留在台东陪父母，我则在台南单独负责改装的事。我想听听未来伴侣对新房可有更多意见，在电话中，Bubu只说了一个要求，但她的想法却是我从未想过的重点。

她希望房间那面大窗户的窗帘能直落与地板相接，窗纱不要是雪白的，而是非常淡的牙白，不要有闪光；布帘不要有花，但布最好够厚、能有自然的柔软垂度更好。我们新房变动的部分实在不多，却因为一扇窗帘改变了原来的气氛。此后，我无论身在何处，总会有一个非常好的居处，那种好，是我的妻子用她的眼光与勤劳的双手编结而成的生活容器——Bubu总说空间是一个容器，要装盛的是生活的细节与情感，所以，我就借用了她的“容器”之说。

一九九六年我们搬到曼谷时，房子是我去租下的。因为忙于工作，我对曼谷的居住条件没有太多时间去细心打听，朋友带我去了苏坤逸路的五十五巷，说此区如同台北的天母，我

看周围环境与那四室两厅的房子确实是用心装修过，就立刻决定了，一心只想妻女尽快来团聚。这个在他人看来颇为豪华的家，却是Bubu最不喜欢的一个房子，一年后，我们要搬家时，她才告诉我那些华丽的装修堆砌在一起的缺失（泰丝的壁纸、深色的玻璃与厚重的柚木）。

从此，我决定看房子的事就由她来做主。对于空间，她的确拥有一种挑选的直觉，并有能力使它变得更好。我们每一次搬家都是一份奇遇，但这样的奇遇，我想是跟Bubu一直用行动来爱护空间有着奇妙的因果，一旦空间吸引了她，她就会尽心尽力地养护它们。在Bubu的眼中，每一个空间都有生命，而且谁都不会真正是空间的拥有者，我们都只是时间或长或短的受托管理者，只有真心爱护空间的人，才会巧遇居住或使用的机缘。

要了解Bubu的空间设计，一定得以扎实生活为基础，才能领略其中的美妙，她的设计是为生活服务，而非强调让人看见的外表。每一次，她总是在动工之前不断地讲解给我听，为什么她要这样做、为什么她要那样想，让我觉得，她似乎是在跟空间商量，我们将会如何如何地在你这个空间中行卧坐立、言语饮食，你是否也同意、也开心成就我们的快乐？

也许是她自己生命养分很丰富，所以每次完成作品时，我总会在其间感受到宁静，那种安定让人相信自己可以在一个空间中好好工作、好好生活。而这也是我记录她在工地做事，或要拍下她的作品时，常常感到气馁的，我的镜头似乎总是无法完整地留下心中所感，不知道那样丰富的生活感要如何才能存留得更好。但Bubu安慰我说：只要是真实的记录、真诚的意见，对读者就会有用。

我相信这本书对读者一定有用，因为我就是不断受惠于美好空间的生活者，也是Bubu生活概念最早的被影响者。在这个纷扰的世界，空间的具体影响力的确能把我们带回更内在、更稳定的生活之中。

| 序文 |

生活，其实能过得更好

空间也是需要我们付出感情的，
用心爱它，它回馈给我们的安慰也会更多，
不好好善待它、维护它，再美的空间，也会丑给我们看。
我喜欢老师用分析空间来分析生活的方式，让我们知道自己其实能过得更好。

Bubu 生活工作室助理 **小米粉（王嘉华）**

当Bubu老师邀请我为她的新书写序时，我感到既兴奋又害怕，担心自己写不出心里最深的赞许。跟在老师身边学习一晃四年，无论是餐饮或空间，都看见了Bubu老师工作时的精力旺盛、用心认真和执行力，让我打从心底佩服。

老师快完成这本书的书稿时，我迫不及待跟好友说了这个消息，提醒她记得先上网预购。好友问我："这样的一本书是对什么样的人有帮助呢？是建筑师吗？还是学习建筑或室内设计的学生呢？"

当下我的回答是："这本书是对于有需要装修空间或整顿空间的人，提供一些实质上的建议。老师将装修的细节、该注意的事项都写在书里，可以帮助没有空间装修经验的人，免去一些不必要的麻烦与多余的花费。"

自从搬到学府路上的工作室之后，便经常有学员私下问我："Bubu老师有没有在帮人设计空间啊？我好喜欢你们的生活工作室，真的好优美……"然后，就会提起我家也需要重新装修，或是我刚买了房子，好希望可以请Bubu老师来设计之类的话题。

由于Bubu老师常常忙到不可开交，所以我都会礼貌地委婉回绝，但还是会心软地偷偷告诉学员："如果真的那么希望，那就写信给Bubu老师吧，看看老师有没有时间……"我很能体会学员的心情，如果可以每天都在这么实用又优美的空间里生活着，会是多么美好呢。

我有幸作为这本书的最初读者，在看这些书稿时，常常有恍然大悟的惊喜。Bubu老师设计的玄关，地板总是特别好看，原来是一开始就已想到：玄关是进门后换鞋的地方，低头时地板自然会是目光的焦点。书里还提到，如果空间较小，地板的材质可以不需要太过讲究，因为家具放上去就会占掉大部分区域。

关于空调的配置，老师也提到应该如何选购，以及相关的注意事项。例如购买空调时，店家通常会以空间坪数来建议制冷量，而我家就是最好的例子。因为客厅的坪数小，我们听了家电行给的建议，购买了听起来制冷量刚刚好的空调，谁知夏天一到，平常客厅只有姊妹三四人时还过得去，但只要有客人来，人数一多，空调就显得不够凉爽，使我们伤透了脑筋。如果我们当时懂得计算制冷量的方法，就可以避免在选购时做出错误判断。

老师设计的窗户，也总是让我感到不可思议地好看。工作室的二楼墙面有个很不起眼的小气窗，但窗外却有一片绿意盎然的植物，老师于是巧妙地为小气窗加上了一个美丽的大窗框，不但掩盖了原本小窗的丑陋，仿佛也扩张了视觉，把绿意请到室内，真是好看极了。

看过Bubu老师如何使用家中的餐具之后，大概就能明白，与其买一些对空间贡献不大，而且很快就过时的装饰品，不如买些日常生活可用的餐具，耐看的生活器物就是最实用的装饰品。快乐地烹调美味食物、不时更换盛菜的餐具，再好好摆饰餐桌，增加用餐的情趣，对一个享受做菜的人来说，不就是人生最大的乐趣了吗?

实地走过Bubu老师所设计的几个空间，无论是工作室、住家、商店，每个空间都有不一样的美，而唯一不变的是一种“稳”的感觉。相信大家可以从书中的图片看见我所形容的“稳”，我非常喜爱这种感觉，因为稳，让我感到心好安定。

看完整本书，我除了体会到装修时必须特别花心思，让实用与美感共存，空间也跟食物一样——套一句Bubu老师说过的话：“食物，如果我们不好好对待它，它就坏给我们看。”空间相对来说更是如此，如果我们不好好善待它、使用它、维护它，再美的空间，也会丑给我们看。空间也是需要我们付出感情的，用心爱它，它回馈给我们的安慰也会更多。我喜欢老师用分析空间来分析生活的方式，让我们知道生活其实能过得更好。

| 自序 |

砖与我，与我的空间设计

十七年的制砖历史，对于父母亲是生活中永存的磨炼，
在许多辛苦与挫折中，他们也总能看到自己避过不幸的好运。
日子就这样，如砖的印制与烧成、砌叠与支撑，
慢慢稳固了起来，成为蔡家子孙最值得珍惜的回忆。

蔡颖卿

我在澳门完成这篇可以作为我原生家庭口述历史的作品。述说的人，是我八十七岁与八十三岁的父母亲。而这趟三天两夜的澳门行，是哥哥嫂嫂安排的一趟家庭相聚小旅行。

父母亲再过两年就迈入结婚六十周年，回忆起当年家中砖工厂辛苦劳作、奋斗起家的岁月，他们的脸上没有任何的委屈，而是有着一种“也很值得”的生命回甘之意。于是，我以自己的记忆作为引导，与父母亲一一确认细节，在制砖的工法程序之间填写上全家十七年的回忆与情感之后，决定在自己的书中补上这一篇不知该往哪一部收存的文章。不过，它很可能是这一整本书，或我之所以成为我，最重要的情感源头。希望读到此书的您，在一块砖的制作当中，能了解我想要“砌童年情思于四壁，镌父母恩情传子孙”的心念。

大量倚靠人工的制程，反映出一块砖所集结的心力

虽然我们家在一九五八年就开始经营砖厂，但直到一九六一年才开始制砖部分的机械化。难以想象父母回忆中用手印砖时期的辛苦景象，那是我还未来得及参与的家庭岁月。

一九六一年，家中老幺的我，出生在九月的台风天。那年，为了让砖厂的生产量增加，爷爷奶奶与父母亲投资了十几万元添购设备，从当时父亲担任中学主任月领一千多元的薪资作为推算的基础，母亲认为这笔投资约可估算为今天的两百万元左右。

当时位于台东成功镇麒麟里的砖厂有两家，如果面朝东方，我们在左，镇民代表陈家所经营的在右，两家紧紧相连，陈家的规模大约是我们的一半。麒麟这一区土质均匀，黏度高、含细石少，铁质成分很足够，按照土质成分大概可分为黑与黄两种，烧出的砖块硬度高，颜色也很美。

当时机器化的部分只在搅拌与印制，其他工作仍大量倚靠人工，制作的程序真实地反映出一块砖头所集结的劳力与技术。在那纯朴的年代中，每天足足工作九个小时的，不只是我们家十几位长工或临时工，还有我那兼顾工作与家庭，真正是蜡烛两头烧的母亲。

工厂并不每日印砖，但是一定要每天掘土备用。母亲是很讲究效率的人，她对工厂生产的期待是一年烧砖九次或九次半。我们家的蛇窑本来只有八目，扩张到十四目之后，每次烧砖大约可得十万多块。开窑后的火头砖（过火的瑕疵品）与破砖约1%~2%，这些不良品母亲既不废弃、也不降价求售，而是以赠品相与买家，告诉他们在有些不太重要的地方就用火头砖，至于有些砌砖难免要断块之处就用那些不够完美的缺角砖。光以此力求节省用料的思考，我相信如今已很少有工地在施作时对材料怀着同样的情感了。在讨价还价与计算成本之际，我们的金钱观念比过去还要精明，但对大地的惜物之情，却是年年淡薄了。

挖掘制砖用土之前，工人要先锄草，再以锄拍土，检查石块、挑去草根，为材料的纯净度把关。拍松的土先淋水以增加密度，印制时

才会漂亮。在未购买搅拌机之前，这份工作完全由人力踩拌，其中辛苦可以由母亲的一句话解读到深处：“我们的土质因为很黏，搅拌机至少要20匹马力才能推得动。”当时并非使用电力发动，而是由柴油内燃机来推动，柴油燃烧的味道不是年轻一代所熟悉的空气臭味，却是我一直以来都深深记得的我们家工厂的气息。

母亲以投注于工作的身影， 激励与带动良好的生产力

印砖工作日的说法是“做砖仔”，这是小时候我所听到最沉重的一个语词。那一日，代表母亲必须黎明即起，天黑返家，也是十岁时已手足离家、开始独处的我感觉“父母辛苦，我很孤单”的提醒。但，一个时代的孩子有在那个时代长大的方法，再不愿意，我还是乖巧地接受了生活中的一切，并在长大后永远感谢父母在如此繁重的生活中，仍给予我良好的照顾。

要天气好才能“做砖仔”，母亲想必经常渴望风和日丽，却不知我总是很幼稚地想着天天下雨！因为只有下雨能把母亲留在家里。工厂要连做三天，所产的砖才能满埕，埕上新做的湿泥砖，最好是既得日晒又有风干，因为坯太湿，烧时易裂，所以不只做砖看天，砖在埕上待命时，还是祈祷天能善待。如果日照与风吹两个条件都俱足，三天后，砖坯就可进窑待烧。

母亲的心愿是待烧的砖永远满埕，因此，这代表我们不只经常要“做砖仔”，做砖的一日，更要有良好的生产力。所幸，母亲不是一个为了工作而不体谅他人的老板，所以当我随着记忆问起母亲

当年工人的时间表时，她只是很简单地说：“没有规定几点开始、几点结束，我一切都配合大家的希望。但我们一开工就做足九个钟头。夏天有时六点半就开始，天气太热，大家受不了时，午休有时也会长达三个钟头。”

难怪，在我的记忆中，有时爸爸在黄昏课后载我到工厂一起去接母亲，我会听到散工后，大家倦累地洗刷着手足头脸时，母亲还在商量地问大家：“明天，我们几点开始工作？”老板问雇工几点开始工作是很奇怪的事吧，但我太小，并没有问母亲个中的理由。一直到今天，了解了这个时间弹性如此大的工作实况之后，我才算真正理解母亲当年的辛苦。她要理家、要照顾爸爸、要教养我，还要担心在异乡住校求学的兄姐，谁会比她更需要把工作时间固定下来？但她毕竟没有只为了自己的需要而不顾他人。

我问母亲，既然工作程序如此清楚，您也知道每日大约可以生产的数量，难道没有想过让工人去做，自己不用天天去工厂吗？妈妈笑着说，生产量会差很多！也许很多人会认为，这单纯只是监督的问题，但因为我太熟悉母亲的带领风格，所以了解她话中的深意。如果母亲真正起了监督作用，也是她以自己投注于工作的身影所造成的激励与带动。

抓砖、烧砖，是分工中最有技术性的精华环节

搅拌成软硬适度的湿泥团，如羊羹般自长方形口缓缓出模，在运输带上往前推送。女工在带上、铁制定寸推送板上进行裁切，尺寸是厚宽长各2、4、8英寸；裁切用的是架上的细钢线，上下提放一次，两条钢线便把一个土条分为三块。这三块砖立刻会由另一个在一旁待命的女工把它夹放到一个模板上。一等模板上放满砖，两边负责端送模板的女工就双手各托一边，往推车上放，然后返回，继续等待另一个模板装满再送。如此来回几趟，等车一满，就向晒埕推去。

埕上此时有三位女工，她们会把推车上三个一组的坯砖分开排列在因担心下雨而特意砌高的长台上。为了让坯有足够的日晒通风，上埕的砖坯必须交错互跨，这重新排列的动作，闽南语叫“抓砖仔”，是印砖分工中最有技术性的环节，一般还是由女工来做，而更有体力的男工则分配于掘土与运土。

“抓砖仔”因低层时要弯腰工作，除了体能更辛苦，还要有手法。抓得好的，间距一致，漂亮稳固；抓得不好，整条垮下坍塌的情况也是有的。我记忆中认识的女工，负责“抓砖仔”的多半是体型较结实、气息沉稳的少妇，而非少女工。

做砖是技术的前段，烧砖则是成砖的后段精华。跟面包坊的术语一样——“做面包的是徒弟，烤面包的是师傅。”火一点着，两位男师傅便每十二小时轮班照顾，其间不能长时休息。他们不能太累，否则会瞌睡，而观火候、决定添柴火，是师傅最主要的工作。

烧砖主要的燃料当时已用煤炭，师傅有时为了贪小睡，会多加煤炭以延长可休息的时间，但这就容易有“火头砖”出现。母亲说，几年过后，她自己也很会观察火候的问题，一看就能判断师傅偷的是哪种懒。她责备师傅的用语让我觉得很有趣：“你们做戏做到老，胡须提在手！”意指演技虽够，却不敬业。果然是母亲的作风，敬业者的扮相与精神、技术与自重，她轻轻带过时，想必我们家师傅会有所汗颜。

砖的印制、烧成与砌叠，构筑了家族的记忆与情感

做砖的日子，男工约四到五人，女工约九到十人，他们在烈日下的辛劳每年约化成近一百五十万块的红砖，以成功镇为中心，北达静埔，南到隆昌、泰源，用的也是我们家的砖。

从二十世纪六十年代到七十年代后段的十七年间，这些地区中的许多砖造屋，如今还留着那一代工人的辛劳与勤奋。一般大小的砖造屋平均用砖近万块，等于我们烧一次窑，就有十幢住屋能新起完工。讲究一点的人家，隔间为求坚固仍用8英寸砖的厚度来相叠，墙壁够厚，这是今天都市型寓所难以比美的浑重。如今所有建材都是轻薄的，而现代建筑或装修又多如“布景”或“牌楼”，堆砌的是表面感，或许我的失望也是因为从小习惯了砖的厚实而产生的。

除了供应成功镇与邻近乡里一带的造屋所需，有两到三年之间，我们家曾与邻厂陈先生家合力供应政府建设所需的砖块，最大宗的是绿岛监狱、兰屿监狱与泰源监狱。母亲觉得共存共荣很重要，主动要求与陈先生家合作，陈先生小母亲几岁，佩服她做事的合理与魄力，后来两家因生意而成为很好的伙伴。

那两三年，是父母亲最辛劳，也是我的能力与情感成长最快速的一段时期。母亲曾累到几次昏倒，也曾因为要了解砖块叠货上船的情状，在骑车赶往港边途中刹车失灵，沿海边大斜坡往下冲。她反应很好，幸无大碍，但至今我还记得在天黑家中得此消息的惊惶与忧心。

十七年的制砖历史对于父母亲是生活中永存的磨炼，在许多辛苦与挫折中，他们总能看到自己避过不幸的好运。日子就这样，如砖的印制与烧成、砌叠与支撑，慢慢地稳固了起来，这段辛苦于是成为蔡家子孙最值得珍惜的回忆。

我希望能把这篇序与这本书献给我最敬爱的父母，也希望读者能在此后的许多篇章中，寻找到砖与空间最朴实美好的对话。

谈到空间，我们总是非常习惯地以容积尺寸、装修花费、设计者或对象的名气来建立它的价值印象；但对我来说，空间是容器，收纳我们的作息纪录与情感，提供我们所需要的安全感与奋斗力。人们对于空间的种种安排，使自己的生活信念与审美眼光不言而喻，比穿着打扮或饮食主张更全面性地展现思想与性格。

我小的时候，物质与流通渠道都不如现在，但那个年代的居家或商业空间却有个人的味道，不像今天，我们对空间的观念与商品的看法非常从众，心思也常被“包装”打动，以致忘了“内容”是否精彩。太多物质与太多有标志性的东西占据了空间，应该绵延不断的作息故事却退位于人工的建造与铺陈之外。如今漂亮的厨房经常锅冷灶凉，“家”字下的野猪肉不再飘香，而“安”字下的女人多数已不再烹煮绣补；一个个功能更健全、设想更周到的空间，却不再续写持家有道或温饱关怀的寻常故事了。

我所了解的空间装修绝不只是具体的切划范围、调整形式功能、置放物品或装饰美化的活动，它比较像是一则复杂的生活综合题，在内涵与外延的容量之中，看看能不能扩充出抽象的意境。而这意境，也就是人珍惜资源、重视技术与关怀身心所产生的艺术。

第一部 | 我与空间的故事

我的第一份装修功课并不具备理想学习方案循序渐进、由简而繁的条件，
但我每遇困难，总习惯取有利于自己的一面来审视问题。
我鼓励自己：虽然装修前得先拆除所有的东西是一大负担，
但也因此能通过破坏来看清建立的顺序。

不怕，为什么要怕

| 空间，表达生活眼光 |

虽是头一次，但“清楚”是信心的来源

我头一次自组工班所装修的空间，是一个转让来的餐厅，当时我手抱着六个月大的大女儿，在混乱的工地中，以年轻稚嫩的语调对工班表达自己的想法与需要。没有想到二十六年后，我完成了三十个空间的设计与施工。虽然此时我已是经验不寡的策划者了，但由于没有头衔，无法很自然地投递出设计师的权威，所以在面对新相识的工班时，仍会受到惯有的质疑。

从来没有过例外，工班都得在整个工地完成的那一刻才会开始认同我、赞美我，但我不以为意。我知道工班的经验与长项通常在于“复制”，但每一个空间都是一个独立的生活故事，再好的复制集合起来也不能形成另一个空间的设计，因此，一开始他们与我有观点上的出入是必然的。虽然他们对我有成见，但我对自己却有信心，我知道自己在做什么，我脑中的图像也能一次又一次地由虚转实，这就是信心的来源。

一九八五年进行的装修，集合了我毕生两个“头一次”的经验：头一次自组工班，以及头一次开餐厅。在别人眼中，这是很不相同的两样事，对我来说却只是同一个“概念”的落实。装修空间与开餐厅都是——创作。我要创作两个有功能的空间：客席要表达我对用餐环境的诉求，而厨房是生产餐点的地方。接下来，我要不停地创作食物、生产料理来赢得客人的肯定。如果我可以在这两部分一直保持良好的创作水平，我的餐厅就能顺利地存活下来。

当时，我的想法就是这么清楚明白。“清楚”虽不代表“简单容易”，但“清楚”却代表着万般事项再复杂也有头绪，这份认识实在是比事情本身“简单”还更为重要的。所以，每当有人做事只求找到简单的方法时，我会提醒他们是否真的找对了方向；也因此，当我要把自己这二十几年的故事说出来的时候，我希望无论在心情与方法上，都能诚实地回应我对“清楚”的认识，以期带给读者真正的帮助。

回想起来，我的第一份装修功课对一个生手来说应该是“过度困难”的，因为理想的学习方案总是循序渐进、由简而繁，而我动手处理的却是一个有地下室，含一、二楼的旧空间。这个空间曾经三度易手，所以每个经营者都基于上一家店的既有状况又加了自己的需要与装饰，可以想象，那是多么混而不搭的景况，再加上没有好好维护，卫生条件实在很糟。所以，我的第一份功课有着以下的多重目标：

分配有限的预算——当时我刚结婚一年半，我们夫妻还没有足够的积蓄，打算动用父母亲在我结婚时给我的一笔现金。因为公公婆婆不赞成我去开餐厅，所以我完全不能把夫家的资源与支持考虑在内，如果我超出预算，将没有任何的后备方案。实事求是，精算与确实掌握所有的用度，是我第一次装修最有价值的学习。

转换气氛、焕然一新——我当时已体会到，无论居家或商用，空间会先于一个人的语言，表达出自己对生活的眼光，这是一种最有力量的说服，也是会把某一种同类人聚在一起的吸引力。我不知道接手前那家粤菜餐厅的东西好不好吃，但即使在还不很讲究用餐环境的二十六年前、生活还很朴素的大学区，这个空间还是给人一种陈旧倦腻的感觉。我希望再度经过的人会忘记过去对她的印象，所以，转换气氛、不留一点旧的气息是我的目标。

重新出发——我的目标不只是这个空间要焕然一新，她还得吻合我对大学区小餐厅的美好

每一个空间都是一个独立的生活故事，
再好的复制集合起来，也不能形成另一个空间的设计。
无论居家或商用，空间会先于一个人的语言，表达出自己的生活眼光，
这是一种最有力量的说服，也是会把某一种同类人聚在一起的吸引力。

印象：小而美，讲究而不过度装饰；足以吸引人，但不是每一个人。因为没有一个地方能赢得每一个人的喜爱，或让每一个人都感到如归的自在，但一个有特色的商业空间却必须使某一类的人感到受尊重、与愿意付出他们最可贵的尊重。

对于这个空间的重新出发，我并未只侧重一面作出努力。就如前段所言，我很清楚空间之后的创作紧接着会是食物的创作。所以，白天先生工作的时候，我抱着女儿在工地；晚上回到家，我就进厨房，以我的厨艺为基础，再以我所能推想的“商业供应量”来实验制作的工序，推想出将来可能要采取的料理方法。

制定时间表——从小到大，我一直都很有“时间观念”，这不单是指与人约则守时之类的生活习惯，我说的是，时间对我而言，永远、永远都是最大的人生成本。我做任何事，都喜欢把时间当分母、成果当分子，得到的结果若是合情合理，我才会觉得心里舒坦。

在装修这个课题上，我亲身经验过台湾这二十六年来施工的种种改变，非常坦诚地说，装修费用不断高涨的原因，我认为有一大部分是来自不该有的虚耗。而之所以导致这样的结果，就在于工作者与业主同时改变了对“时间”的想法。

重建空间，所需的条件与做新衣服一样

动手装修这有生以来的第一个空间时，时间很紧凑，房东给了我一个月的改装期。也许你已注意到，我并没有用“只有一个月”来述说这个免付租金的准备期，两个简单的理由是：任何工作都该如此积极行事、快马加鞭；而另一个有利于我这种行事风格的情况是，二十几年前，多数工班还没有拖拉的习惯或是脚踏好几条船的工作安排。以效率来看，那还是一个符合我个人期待的时代。又过几年之后，人们的观念在商业运作下急速地改变了，我越来越难熬过自己在每一场装修工作中所见的浪费，时间的问题尤其使我伤神难过。

虽然，我说第一份装修功课并不具备理想学习方案循序渐进、由简而繁的条件，但我每遇困难，总取有利于自己的一面来审视问题。我鼓励自己说，虽然得先拆除所有的东西是一大负担，但也因此能通过破坏来看清建立的顺序。记得小时候，我虽会了一些缝纫的基本工法，但真正想给洋娃娃做第一件衣服时，还是得靠拆一件旧衣服来印证自己的推想。

在信息不发达、父母又忙碌的年代，像我这种外表安静、又热衷于创作的孩子，都必须靠自己观察生活事物来找答案，绝不会养成随便发问的依赖性。这一次，我要拆的只不过是一栋房子的内装，跟小学四年级时拆一件旧衣服，也没有绝对的差别；而重建空间，所需的条件与做新衣服一样：都是立体的、美丽的，其中的细节要足以代表自己的眼光。

这其中的胆识、面对工作时的耐心，与厘清工序的基本能力，我早已有些基础，所以，有什么好怕？

更何况，我也忙得不知道害怕的感觉是什么了。虽然是在实现梦想，但我从没有忘记自己的责任，我总是先把家庭照顾好，其间所留的时间与心力才用来准备未来的工作。“害怕”也同样需要心灵空间才能久留，当时我全身心满满地走向自己计划的道路，无暇他顾，埋头苦干，不知害怕。

有效的沟通，让进度出现让人喜悦的成果

勤奋工作的每一天，我怀里抱着日渐可爱的女儿，先生则以行动实际给我鼓励。他不只是欣赏我对生活抱持理想和或许有些过度的热情；更重要的是，他总有无限耐心愿意为我解决工地中属于水电方面的难题。他懂得的，会慢慢说给我听；不懂得的，就去请教真正专业的师傅。有时，我昏了头、不想听了，他就说由他来帮我处理，这让我能先躲去一时的杂乱，再生新的勇气。一场一场磨炼之后，我渐渐也把自己并不喜欢的某些工地事物弄懂了。

我签约承租下这个店面的第二天，就开始动工拆除场地。之所以可以立刻采取行动，是因为筹划要租店的同时，我们已通过不同的管道打听好工班，因此行动照着计划来，毫不耽搁地迅速前进。

平心而论，同样的一份工作，如果放到今天，处理起来可能就无法如此明快简洁，我觉得现代人花了太多时间在“沟通”上。我的意思，并不是说“沟通”不重要，但说个不停、绕着问题却不是有效的沟通方式，于事无助。

如今，我却经常在各种工作中感觉浪费时间，沟通总是进不了问题中心，大家各自护卫着立场，不再像以前，为工作所做的沟通都有共通的原则，节奏又快，流程约可归纳为：

> 时间对我来说，永远、永远都是最大的人生成本。
> 我做任何事，都喜欢把时间当分母、成果当分子，
> 得到的结果若是合情合理，我才会觉得心里舒坦。

1. 问题在哪里？（困难的环节）

2. 问题是什么？（困难的形态）

3. 能不能处理？或要不要处理？（有时候会视问题的状况决定大处理或小处理，或避开正面处理，而以另一种方法来补救）

4. 解决的方法是什么？（集思广益之后，迅速决定最合适的处理方法）

5. 采取行动，以成果检视解决的方法是否正确，需不需要再调整。

在有效的沟通之下，进度随着时间而出现让人喜悦的成果。第一次装修，我很顺利地在一个月内完成空间的改装，不只如此，我也完成了餐厅开始运营的各种准备。

空间给人的安慰，任何事物都难以比美

虽是第一次拆除空间，但我体会到不同的人对相同空间的设想差异极大。原来，我所承租这个单面入口、看似箱状的店面，其实是可以两面采光的边间。前几任经营者都把厨房放在一楼，但厨房需要墙面，又不想客人多看操作现场，所以窗就封成了墙，也因此无法展现这个三角窗能同时提供充足光线与视觉上通透的双重优势。

我把整个面对巷道与大马路的 L 形木板封面都打开了，面对十六巷的一边，开出了一面横向长窗；面对大学路的正面，则延续转角而来的矮墙接上入口的大门。打通之后，原本觉得狭长的一楼变宽阔了，但两面光照如果在夏天就显得阳光过盛，我想室内得考虑加点柔化的遮掩。在长窗上吊挂了一整排的绿色植物之后，整个空间既得阳光的穿照，也得垂帘绿意折光后所改变的颜色之美。

座席分布在一楼与地下室，共66个座位。二楼除了作为厨房工作区之外，还隔出一个小小的

一个空间所能带给人的安慰，
是其他事物难以比美的。
对我来说，住得好比穿得好或吃得好都重要许多，
空间所带给我的乐趣与安全之感，
使我对生活不断有新的了解、新的喜爱。

房间给女儿用。我是新手妈妈，很贪心地既想亲自带孩子也想创业，在二楼给女儿安置一个栖身之地，显然是我能一边工作一边照看孩子的唯一方法。

她本在家里有一个很梦幻舒适的房间，而我也的确是很会打点孩子生活细项的母亲，孩子抱起来永远是香喷喷的，她的每件衣物用巾我都亲自整烫。如今这个小娃娃为了母亲的梦想要在餐厅的厨房一待就是一整天，我唯一能为她做的，就是把这个小房间弄得可爱开朗一点，不只为孩子，也为自己。

我知道再过几个月，女儿就要学爬、而后站起来走路了，这个小房间必须有方便小小孩活动的木地板。我还选了一款白底浅蓝条纹的软壁纸贴上，壁纸条纹上的点点风帆非常可爱，像一片宁静无波的海洋配合着她的童心稚气。她的小床、床单、枕套，无一不是我亲手所做。如果这个房间不是在餐厅厨房的一个角落，如果不是那个必须要让我清楚看到她的纱门透露了讯息，我想没有人会说，这不是一个完美的育婴房。

那个房间的细节，是我在不完美之中所能找到的完美；把孩子留在身边，就是我当时最好的选择。也是从那个辛苦的起步中，我深深了解到一个空间所能带给人的安慰，是其他事物难以比美的。对我来说，住得好比穿得好或吃得好都重要许多，空间所带给我的乐趣与安全之感，使我对生活不断有新的了解、新的喜爱。

附注：这章故事中的餐厅因为年代久远，没有留下照片数据，文中图片所呈现的是二〇〇八年我在三峡所开设的Bitbit Café。

对于“变”与“不变”的期待，是我在装修空间时经常思考的问题。
这不是设计的选项，而是应该兼顾的两个条件。
“变”负责顺应时间的向前，满足人心的好奇；
“不变”则使人相信永恒的存在与传统的意义，负责抵抗一心求变而产生的肤浅之感。

变与不变

| 自己装修一个美好的家 |

新婚之后，夫家为我们在台南预备了一个很舒适的居处，这个地点对先生的工作来说很方便。因为室内足足有70坪大，所以当时虽然与大姑同住，但各自还是有独立空间，并不觉得有任何困扰。大姑与我们的房间在长形屋中各据一端，一起活动的客餐厅与书房是采完全开放的设计，非常宽敞。由于早期大楼的结构都有一种又宽又高的坚实之感，这个家其实是很舒服的。

房子初次装修是在一九八四年左右，公公婆婆当时委托一位领有完整工班的木工师傅一手包办。可能是因为这个南部的家只作为公婆偶尔南下关照工作的暂居之地，设计师把重点都放在社交活动的功能上，而忽略了日常生活的实用之需。比如说，客厅很大，方型织花的厚地毯上除了一大组 L 形的矮背布沙发之外，还放了一组四出头的官帽椅，它们与西式沙发、电视墙和凹在墙里的大水族箱组成了一个完整的正方围。客厅走道另一侧是长柜接引的一张大书桌，书桌面对着一间和式房。这些功能不同、但开放相连的空间占用了一半以上的室内面积，其他地方则分布有两个大房间、一个小厨房与一个餐厅。

我们常说“爱是瞎子也看得见”，那么，一个居处的美好，
是不是也应该很容易被感受、能激起一个人的眷恋与信赖之感，
而无须通过所费的金钱、所花的工事，或设计师的名气来增添她的价值？

非常奇怪的是，这么大的一个居住空间中，只规划了一个盥洗室；更糟的是，连洗衣机也放在浴室跟我们争用有限的地盘。可以想象，虽不是每一天都有如此的盛况，但当全家在台南会合时，绝对免不了一早起床轮流使用卫浴的尴尬。

俗话说：“金窝、银窝，不如自己的狗窝。”也许这就是为什么人都会很想要一个属于自己的空间。人需要一个可以依照自己心意装饰、变动的地方，并不是设备或装饰到达某一种等级的空间就能让人满足。

也是在这种心情的催促之下，我们夫妻在父母预备的家住了两年后，就搬到成功大学附近的一个公寓。这时，我的小餐厅已开始营业一阵子了，因为各种条件搭配得很不错，口碑为我带来更忙碌的生活，如果能把家搬到店的附近，对我就方便许多。

大女儿会走路后更需要人照顾，我还是全天把她带在身边，只在黄昏的时候特约一位成功大学的学妹，定时带她到校园散步。孩子去散步的那段时间，也正是店里晚间供餐最忙碌的开始，我仍走在创业妇女不是最理想、但可以两头兼顾的中间大道——不彷徨只前进，有牺牲也有所得。

处处求不同，会把空间逼向与生活不协调的窄路

离开父母的房子之后，我们买到的第一个家是一间装修好的公寓。虽然这房子并不是由我亲手设计，但我之所以特意提起，是因为其中的分析可能有助于读者了解我对空间的想法。

虽然这是一个外表看起来很普通的三房公寓，但用“讲究”来形容她的室内却绝不为过。装修这个房子的屋主爱所有精心设计过的事与物，因此整个空间也显现出她的兴趣所好，处处都有设计隐藏其中：一个外表看不出，但可以抽拉出来的预备床；一个看似备餐台，

但两边一打开就可以成为一张增用桌的柜子……在二十几年前，这个屋子所用的材质与想法，都不常出现在普通的公寓中，唯有去书局翻阅中欧国家的书籍时，才会看到这样的风格。

我无法用“够不够漂亮”来形容这个房子，因为每个人对家的美与定义都各有主见，但我必须说，这个房子的好，是需要通过“解释”才能被完整领略的。因为她少了一种一看就让人觉得亲切、安心的感觉，这也是我认为一个居住空间无论繁简，都必须要有的基本条件。

我们常说“爱是瞎子也看得见”，那么，一个居处的美好，是不是也应该很容易被感受、能激起一个人的眷恋与信赖之感，而无须通过所费的金钱、所花的工事、设计师的名气来增添她的价值？这个房子在我看来是因为太讲究设计了，所以有点顾此失彼。

屋里的柜子很多，因此把所有的空间都给予定义了，虽然她很“与众不同”，但是“与众不同”却不一定赋予居住者表达自己的机会。因为这个空间一增加东西，就显得与已经存在的装修格格不入；不增加东西，又总觉得好像少了什么。每一个柜子的收边都很简单也

很锐利，因此走到哪里都有严肃的感觉，我想，这个装修如果放在一个铺着长毛地毯的空间来作为某一种专业的办公室，那就真的无话可说了。

从那时起，我对空间开始有了几种认识：

不要以“与众不同”为出发点去设计房子——“与众不同”或“特别”是优良设计的结果，但不该是追求的目标。处处求不同，有时会把空间逼向一条与生活不协调的窄路。

不要拿喜欢的模板，直接复制到条件不相同的空间里——我们所喜欢的风格，常是因为根植或协调于当地的自然条件，所以才能引人赞叹。随便移植一种风格到另一个空间去，不一定会成功。每个国家或地区，都有自己的气息味道，如果忽略这些很基本但最重要的背景，只因喜欢某一种异国情调就贸然仿效，一定会显得格格不入，减低它原本的美好。

空间中的“不变”，给了我们一种坚固的感觉。
当我们确定自己身处于一个不会毁损的空间，才会感到安全，
在这个安全的空间中，情感也安定了下来。
所以，一个新起的空间如果包含了某些代表着永远不变的部分，
就能给人一种时间的承诺感，一份隽永的深情。

人对空间的两种情感期待——“不变”与“可变”

除了对空间的“味道”有了基本的想法之外，我也开始注意到人与空间的“情感”关系。我发现，人对空间有两种根源于基本需要的期待，一是“不变”，另一是“可变”。所以，如果装修一个空间可以兼顾这两种需要，通常就能做出更好的作品。

我们的祖先从攀树进洞，经过多少颠沛流离，所求的当然不只是一个可以栖身的地方，还把一代代的情感都寄予辛苦建立、负责遮灾避难的四壁之围。无论在哪个年代或地区、无论以什么样的形式出现，空间中的“不变”，给了我们一种承诺与坚固的感觉。当我们确定自己身处于一个不会毁损的空间，才会感到安全；在这个安全的空间中，情感也跟着安定了下来。所以，一个新起的空间如果包含了某些代表着永远不变的部分，就能给人一种时间的承诺感，一份隽永的深情。

但人岂是“安定”就能完全满足的动物，我们在安定中还需要新鲜的感觉。所以，无风无浪的安定与新事物的出现，是同时存在的两种需要，并非择一而定的取舍。

对于“变”与“不变”的期待，要如何主动地在装修空间时给予考虑，直到现在还是我经常思考的问题。这不是设计的选项，而是应该兼顾的两个条件。“变”负责顺应时间的向前，满足人心的好奇；“不变”则使人能相信永恒的存在与传统的意义，负责抵抗一心求变而产生的肤浅之感。

“耐用”的材质，才能满足我对“不变”的安全感

在装修过一个颇受好评的小餐厅与住过一个别人装修的家之后，我终于可以为自己的家庭重新打点居住空间。那是一九八九年的十一月，我肚子里怀着第二个女儿，预产期是

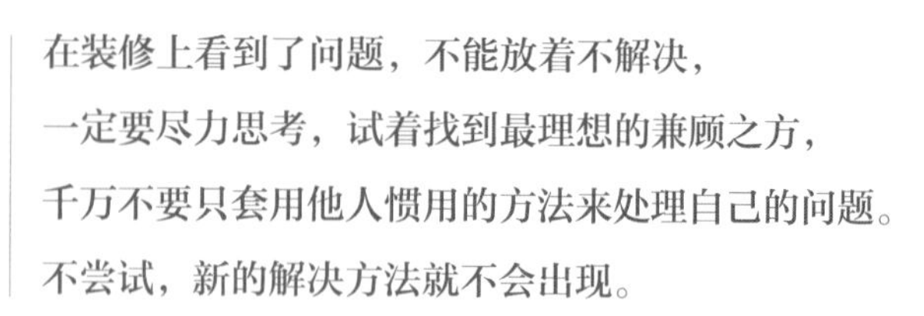

在装修上看到了问题，不能放着不解决，
一定要尽力思考，试着找到最理想的兼顾之方，
千万不要只套用他人惯用的方法来处理自己的问题。
不尝试，新的解决方法就不会出现。

二月。我们把大学区的公寓卖掉，新购进一个大楼的跃层，准备在那里迎接第二个宝宝的诞生。

我们看到这个房子时，她只是隔间已确定的坯屋，这样的屋况使我有机会选择室内建材。我依自己喜好的特质——“耐用”，来决定各种细项设备。只有能用很久的东西，才能满足我对“不变”的安全感。

我很满意这个房子的隔间，第一层位于大楼的三楼，一边有客餐厅，厅前连着一个不算小的阳台，楼面的另一边则分成两个房间，中间以一个卫浴分隔开来。厨房的大小留得恰到好处，右墙与阳台交接处开了一扇窗与一个门，因为向着东边，晨光可以从阳台晒进厨房。更好的是，这房子每个空间都有窗户，空气流通、光线充足。

两个房间中我留了大一点的当书房，另一间当客房。扣除玄关所用的面积，我们的客餐厅也不算小，又因为客厅部分挑高有整整两层，空间感就比一个楼层的同面积更为宽敞。虽然，我并没有刻意把厨房的墙面打掉以开放出更大的接连，但我也没有在厨房与餐厅之间装设门扉，这个小小的安排对于厨房与餐厅之间的利用非常有帮助。

连接两个楼层的室内楼梯开在客厅与另两个房间的交界，上楼的梯阶在半楼处以一个平台转折，再逆向而上半楼。因为估量我们将会在这里养育两个孩子的幼年期，为了安全起见，我决定四楼挑空的部分就不用栏杆作围，而是筑了半墙，墙的上缘再以实木收边。这个空间作为起居室，也是家里唯一有电视的地方。

起居室呈长方形，长边从矮墙可以下望客厅，另一个短边与长边各有一个门通往主卧室与两个孩子共享的房间。楼上这两个房间都有阳台，所以，我就把洗衣间安排在孩子房间外面那个很大的阳台上。装修时没有忘记用泥作砌了洗衣台，此后洗衣晒衣都很方便。

这个家一直到二〇〇〇年我们买了三楼邻居的房子打通时，才又做了部分的整修；在此之前的十二年中，她一直是我们钟爱的家，特别在离开台湾到异地生活的好些年里，她都是孩子们寒暑假最期待回台湾的理由之一，她使我们感到特别安全。

随着时间流逝与装修风格年年的改变，可安慰的是，这个房子并没有给人过时陈旧的感觉，所以在连通另一户时也无须太大的变动。我相信这与我早早就体会到前段所说的“变与不变”有很大的关系。大概说来，凡能不变的条件，材质都要经得起时间的考验，颜色经得起久看不腻；而需要变的物品，就不能在想变时会产生丢掉可惜、留又过时的遗憾。也是从那时候开始，我从不买很有时尚感的装饰品或家具，也绝不受流行的装修风格所影响。衣服要淘汰算容易，装修要换样可是大事一件，尽可能不要做会让自己懊恼的决定。

以工作来说，因为已经有过餐厅重整的经验，所以我对这个家的装修心情是笃定的，不同的只是家与商业

餐厅的功能并不一样。但我从小对于一个家庭的配置与功能很熟悉，所以动手设计一个家就像要去走一条熟悉的路，并不害怕。

在这个房子里，最让我们费心的只是空调的问题。二十几年前，因为受限于窗型空调，许多跃层都有冷气死角，我一开始就想解决这个问题，不让起居室在夏天面临闷热的挑战，所以寻找了很多厂商，最后决定使用当时居家还很少人选择的中央空调。两台上吹型的室内机得落座在地上，机身很大，要如何修饰才是这场工作中比较大的挑战。

我想了好几种方法，最后决定用整座假的矮柜把机身隐藏起来。空调有出风与回风口，因此柜子不能用整片密闭的门片。起居室比较休闲，以百叶处理柜门没有问题，但用相同的方法来处理客厅味道可能不对，几度思索之后，我只在上面的一小部分开了百叶口，其下还是以实木来完成。

这是一个很不错的尝试，至少我已经知道，在装修上看到了问题不能放着不解决，一定要尽力思考，试着找到最理想的兼顾之方，千万不要只套用他人惯用的方法来处理自己的问题。如果不尝试，新的解决方法就不会出现。

凡能不变的条件，材质都要经得起时间的考验，颜色经得起久看不腻；
而需要变的物品，就不能在想变时会产生丢掉可惜、留又过时的遗憾。

在这个房子里，我勇敢地打破一般人在装修上沿用的观念，除了空调之外还有灯光的安排与落地窗的改变。对于光的供应与控制权，我一直都是敏感的，而窗户或是作为门的落地窗，我更是看得比什么都重要。我希望能在之后的篇章与照片中，继续与大家分享在这部分不断增长的经验。

对于“砖”，我是既熟悉又缅怀的。因为我是砖厂的女儿，
说不定，对于砖的情感使我因此更想善用砖来填满我对“不变”的想望。
我想要用砖来完成不要因为常常使用就会被磨蚀的角角落落，
在砌砖叠影之间，存留住生活的喜怒哀乐，吸纳所有的语声笑意。

再说“不变” | 旧而不厌，天长地久 |

在《变与不变》这一章的故事中，我相信读者已经初步了解我个人对于“旧而不厌”的期待。我想为空间找到某些装修的元素来证明天地可长久的安全感，因为，“耐”是空间美学的一种基础。所以，为了更深入地说明我对于“耐用”或“不变”在装修上的实际运用，我把我的装修故事先跳到二〇〇九年的春天，也方便读者先通过施工所留的照片进入我的想法。

这一场工作如果用“从天上掉下的礼物（或任务）”来形容，应该不算太夸张。因为，我只有两天的时间能设计所有的配置，并且决定大部分室内的建材。她是我第二十四场装修，也是我很满意的一份成果；在这个工作室中，我大量地运用砖块，投射我对于“不变与坚固”的情感。

一扇好看的窗，开启关键的相遇

记得大概是在二〇〇九年二月，大女儿几次跟我提起她有一个学生很喜欢新北市三峡区的

环境，几度看屋后，似乎就要下定决心买下一个装潢屋，女儿问我：“妈妈可以去帮忙看看，给她一点意见吗？”而我心有余力不足，虽答应了，却毫无行动。又过了一个礼拜，我觉得这样对孩子敷衍了事实在过意不去，于是决定把早上的工作稍往后挪，走到附近她们所说的那个装潢屋去看看。

对于建筑或装修，我并没有特别偏好的风格，但走进一个屋子的直觉却通常是准确的。我们对空间的印象大概只有从第一眼觉得惊喜，多看几次后就渐渐平淡的趋缓，而少有从讨厌翻转到非常喜欢的状况。我对这个装修屋的直觉就不够好。隔间很复杂，固定装饰特别多，流苏、屏风、隔墙柜到处阻挡却没有趣味，使得本可保留的通畅感也一一被拦截了。说起来这屋子并非自然条件的采光不够好，却因装修之后而显得阴暗了。

我心想，如果只是直接去跟女儿的学生说“再考虑吧！”她不知道有多失望，但如能帮她找到预算之内更好的替代方案，这样要劝人打消念头比较容易开口。这单纯的一念，促使我走到离家两个街距的一栋大楼去，也因此在无意中找到了非常适合自己作为工作室的空间。此后，我每想起这件事，总戏称这是一个“好心有好报”的故事。

那时候，我搬到三峡已过完两个整年，但因工作实在忙，几乎只往来于家里、店里，或直接驱车去台北与高铁站、机场，对于整个小区的生活，我反而是非常陌生的。不敢相信，在一个地方住了这么一段时间，我竟不曾在附近走走。那一天开车这里那里为别人找房子时，竟让我有一种出门小旅行的兴奋之情，心里随着车子所抵之地浮现了“喔！原来小区有这栋房子，那家商店；这里有一棵大树，那里有一个小公园”的惊讶。

就在车过一个转角处时，一向对窗形很敏感的我，突然请先生停车，好让我看看这个房子。这十几年来台湾新住宅的大楼，窗户很少开得好看，但这个房子的窗户却引我想停留一下。之前作为销售处的空间，此时正挂着招租的布条，我纯粹好奇地打了电话过去，没想到遇见一个比我更好奇的售屋小姐。那个星期六的下午，就在种种的巧合之下，我们买下了后来成为我工作室的空间，并在又隔一日之后的星期一早上，开始进行装修。“马不停蹄”应该很适合用来形容我当时的行动与心境。

充满潜力的空间原貌，让人一见钟情

时间之所以如此紧迫，是因为这两个面对中庭花园的跃层已是最后余屋。为了更吸引买方，代销公司所请的工班正在做最后的加层，准备把跃层改成两层楼，好让买方可使用的室内面积更大。所以，我与工作室第一次见面时，她是一个完全没有隔间，楼地板正推了一半，楼梯在另一个方向的空间，那披头散发、形貌零乱的模样足以吓坏一些人。但，就在踏门而入的那一刻，我已完全领略到她的姣好，我一眼就已知道，这个空间如果在我的手上，我将要在哪里起墙、哪里造壁，如何退与如何进了。

我问带看的小姐，这已经隔起的部分楼板是否可以再度打开？在他们的计划中，这个屋子又将以什么样的屋况推出？会有哪些配备？她告诉我，因为这两天刚好是假日，星期一楼地板就会继续封起，变成的两个整楼会有六房两厅。我又问，如果我在星期一之前买下，是否就能以我的需要来继续施工？

这个问题最后由工地主任回答成交的条件：如果我能在隔天与工班见面，说明所有的水电配置与隔间、决定要与不要的建材，让他们比对先前的计划先计算增减的成本，估价结

果如果双方也都满意，签约完成后，星期一就可以照着我的方向转弯，但施工日期不能再延。也就是说，如果我有本事在星期一之前完成设计，就照着我的方案来，否则，他们就以原先的计划继续施工。

想起来，这相遇是多么关键的一天！只要再晚几天，地板封起来了，她已不是那种突筋露骨，这里一根管道、那里一片断墙，充满潜力的原貌，那我的想象可能无法立即重叠于这个空间之上，我或许不会对她一见钟情。

两天拍板定案，一切从“打样”开始

那天离开之后的一个小时，我与先生又回到工地拍了几张照片，也要了一张平面简图。回家在计算机上读出照片后，我印出几张不同角度的照片，参照着平面图，一如往常，开始天马行空地随手画出我的构想。两个小时后，我觉得自己准备好了，隔天与工班见面时，应可说明我的需要。我所提出的要求如下：

泥作部分：

1. 拿掉二楼部分楼地板，加大挑空的部分。

2. 地板保留建设公司所提供的建材，马桶留两个给一楼，其余厨卫浴设备全部取消；但一楼新隔出的两个洗手间，墙面留用建设公司提供的壁砖，地砖不要。

3. 因为在现场看到很多砖头，我希望一、二楼所有的隔间都以砖头施作，砌砖之后，先上防水层再上白水泥。每一个隔间的开口都会是拱形，滚边依开口的大小决定粗细，这部分我会现场说明。计算之下，共有11面砖墙，拱形开口从220厘米到90厘米不等共7个。

4. 除了隔间之外，建设公司再提供我14条50厘米宽、250或280厘米高的砖墙，施作于我所指定的位置。

5. 打掉原本的水泥造楼梯，并以钢构龙骨梯移位到我重新指定的位置。

6. 跃层地板挑空的外围不砌墙，以烤漆粗铁件作围。

水电部分：

1. 一楼所有的出入水口改位，牵线或埋管到指定的新标位置。
2. 新增一个洗手间。
3. 二楼卫浴室出入水口改位置。
4. 增加配合空调所需要的供电口。
5. 依照未来需要的设备重新计算总电量。

星期日，我们与泥作、水电先生经过了将近四个小时有效率的讨论之后，建设公司依我所提出的施工要求进行内部讨论。在我最喜欢的黄昏，天色将暗未暗的时候，买卖成交了。建设公司愿意负责初步的泥作与水电施工，如果我与原工班合作愉快，也可由他们继续完成我所设计的精装修部分，费用由我们与工班协商。

星期一，我们同时进行房屋买卖初约后的各项手续，并与工班开始新的合作；一切就从“打样”开始。相信，这也是工班初次与一个完全没有详细尺寸图，只说明想法的人合作。我不只没有图，还整天在工地打转，现场调整尺寸。

当时大家都很纳闷，这个人与室内装修到底有什么关系。如果说她有背景，为什么连一张名片或一个头衔都端不出来；要说是个外行，说的话并不十分外行，也真的能指导现场的工作。但，我也听说工人纷纷在笑谈：“这女的八成是疯了，叫我们在二楼墙面立10条砖墙，一楼围4条，大大小小的位置与尺寸，还要完全按她的标示，问她要做什么，又说不清楚，这么多砖墙，真的能看吗？”

以砖取稳，也取砌砖所成的叠影之美

工地的工人、大楼管理与代销公司的工作人员，还有住户经过时，看着由砖块慢慢改变的空间，大家都好奇我的想法，连瓷砖公司的年轻老板娘都打电话来问：“老板娘说，八成是订错货了，怎么可能会要用这么多白水泥？”

虽然在过去的工地中，我也曾好几次使用过砖作为其中的搭配，但这是我头一次在每一个隔间让“砖头”作为墙面质地的主角，直接把砖的凹凸当成施作的重点。

这是我头一次在每一个隔间让“砖头”作为墙面质地的主角，

直接把砖的凹凸作为施作的重点。

我想为空间找到某些装修的元素，来证明天地可长久的安全感，

因为，“耐”是空间美学的一种基础——无论是“耐用”或“耐看”。

经过许多人生的历练之后，我一方面看到装修材料不断地往轻薄化、表面化的方向改变，另一方面，自己的年龄一迈而进了虚岁五十的大关。中年对于扎实与稳固的眷恋，使我在短暂可做决定的一天当中，已想好要如何善用“砖”来为这个空间传达主要的讯息。我要砖的“稳”，但我却不要新砖新砌，原汁原味。

在老旧的建筑中看到历经风吹雨打的红砖墙总是美的，因为那种美没有商业装修中为了集结味道的速成意念，它美的底蕴是生活的“朴”。我常想，物旧而仍美得动人心弦，大概是因为“与时俱存”。堆栈仿古之物以营造旧气氛，很少能成功。停留在某一个时代的氛围，岂是几张旧海报、旧桌椅或放着的老歌就能被了解的实貌或勾起的感动？

所以，我也不考虑让才出窑、未经风霜，也永远没有机会日曝雨淋的室内用红砖直接呈现。我要取它坚固的印象所集结出的气氛，也取砌砖所成的叠影之美。砖与砖的接面有自然的不平整，因此，所砌的墙反射光线的条件就比一面刷平的墙要更好了。

砖是童年的回忆，也是感恩父母的纪念

对于“砖”，我是既熟悉又缅怀的。因为我是砖厂的女儿，说不定，对于砖的情感使我因此更想善用砖，想用它来填满我对“不变”的想望。我想要用砖来完成一些不要因为常常使用就会被磨蚀的角角落落，在砌砖叠影之间，存留住生活的喜怒哀乐，吸纳所有的语声笑意。

母亲生我之前，爷爷把一个从他人手中买来的砖窑交由她去经营，当时，这对只能文还不能武的母亲来说，自然是辛苦得不得了的工作。三十岁的母亲，除了亲自照养三个各差一岁的孩子，肚里怀着我，每天还要往来于成功镇上、父亲学校的宿舍和位于麒麟的砖工厂。我的胎教大概就是母亲在身心俱疲的工作之下仍然勇气百倍，所以出生属牛的我，也就天生有了牛的耐劳之体与母亲的负责之心。

当我把一块块砖安排到自己的工作室之时，那由土压成块、晾晒入窑，等着匀火烧成气候的制砖过程，时刻提醒了我童年最深刻的辛劳之忆。一块砖用于室内装修，对于他人或只是建材的选择，对于我，延砖入室却有永留回忆与感谢父母的实质纪念作用。

从小，我深入父母辛苦的工作中，去体会一个家庭互助的情感，
父母亲没有要我们成为只能接受爱的孩子，
他们也允许我们尽力去展示爱人的能力，用爱的付出充电爱的装备与爱的吸收。

记得小学五年级时，母亲已准许我分担她许多重要的工作，跑银行、接来电订货的讯息、打扫、烹饪……我深入父母辛苦的工作中，去体会一个家庭互助的情感。父母亲没有要我们成为只能接受爱的孩子，他们也允许我们尽力去展示爱人的能力，用爱的付出来充电爱的装备与爱的吸收，而这正是我的工作室所要完成的任务之一。

Thinking and Doing 1

选材要以现场的测试为基准

我对地砖、壁砖或马赛克铺设的间距很敏感。在瓷砖店，我通常只会做初步的选择，把选定的砖拿到现场仔细看过，再做最后的决定。选材不是以单一—的条件或喜好定夺，而是预估这个材质到了现场是否能与期待相接近。而间距与排列的方法也会改变结果，所以，我永远都会在施作当天全程跟班，随时做出调整。

Thinking and Doing 2

“自然”地露出砖痕反而最难

第一道墙要上白水泥时，工班没有太大的把握，我要他们薄薄地先上一层，尽量自然一点，把抹刀放轻一点，不要把水泥压得太密、涂得太厚。工班听完我这一大堆交代后，讥讽地说：“去找个生手来吧！哪有法度。”

他们这样说并没有错，我在教小小孩时，看到小朋友写的字这么可爱，才知道“童童体”有多么矫揉造作，越想自然就越是不自然。已习惯了墙面一定要尽量抹平的工班已无法“自然”地露出砖痕，这等于要他们造作。还好，我已想到这种可能，所以先让他们以洗手间那道墙做实验，取得共识后再前进。

Thinking and Doing 3

彼此配合才能压缩装修的时间

我是以“各项工作最后一起完成”的考虑来做安排准备的，这也是我的工地进度特别快的原因。就像左下方这张照片，工地还一片混乱时，我已请窗帘公司进来量尺寸了，因为我知道窗帘通常需要两周以上的工作期，如果等所有工作做完再量，就要为窗帘再等上两周才能真正完工。一场工作做完再一场，是没完没了的工期，也是装修工程费时越来越长的原因之一，这并非都是为了出细活而有的慢工，但很少人愿意细谈这些问题。

我对尺寸的理解与掌握都算清楚，并不依赖专业人士来给我建议。我会主动要求厂商该注意哪些部分，所以我可以在一片混乱中进行“在自己心中并不零乱”的工作。不过，这也是各工班非常讨厌的工作方式。仔细想想，谁不希望工作能以自己最舒服方便的方式来进行？但这样的坚持所造成的成本问题谁来负担？彼此配合以压缩装修的时间，是我在每一种工作中的态度，也是我对台湾装修业发展的期待。

随着年纪渐长，我对“柔软”与“坚硬”的辨识也越来越敏感。
看着那几道用砖筑起的出入口，我想我是在寻找属于自己欢喜的柔软。
砖的线条虽方硬，但用砖筑起的墙得靠水泥砂黏迭、无法笔直，柔软的感觉于是自然散发。
我奇怪建材的温和竟与性格的温和有异曲同工之妙，常被错识于一眼所感的认知。

“该”字底下的功课 | 希望空间能抚慰、爱护、欢迎你 |

砖的视觉与触感，带来安静的自然力

我之所以需要一个工作室，是因为当我把 Bitbit Café 改成教室后，经常有人以为我们还是一个开放的餐厅，渐渐地，“进来看看”变成了上课时的打搅，“不让人看”又变成不被体谅的无礼拒绝。我虽早已萌生找个工作室的想法，却苦于无时间付诸行动。在无意中得到一个喜欢的空间之后，我的设计自然是完全放在中年全心投入的教学目标上：

我希望有一个能使学员安心专注，让我把持家经验与教养热情一起传送出去的地方；

我希望这个空间不要随便得像个家改成的教室，但也不要带有商业或培训机构的气氛；

我希望学员们来到这个地方，能自然地静下来，同时相信来到这个空间里的人，即使陌生也很和善、很真诚。

我所希望的这一切，如果都由我以语言来告知，就真的只是“希望”，而不是一种能量。但愿，我所设计的空间能帮我抚慰、爱护、欢迎他们。

我们常说，心静自然凉，但以另一种角度来说，“凉”也能自然地引起“静”的心态，我相信“砖”在视觉与触感上的优势，会帮助我找到安静的自然力。

虽说是一眼就知道自己能把她设计成什么样子，但也跟我所经历的每一场工作一样，过程中难免会有深陷自我疑惑的阶段。例如，当红砖大量地从不同方向平地而起之后，当然就造成了阻挡光源的效果。偏偏那几天，又逢天阴下雨，自然光变弱了，而本已凝重的红砖也因吸水（砌砖施作前得淋湿砖头）而更显沉重。那几天，每到黄昏，我也一度怀疑自己是否因为仓促而做下了不够好的决定！

但多次处理颜色的经验，使我终能克服不禁产生的自我怀疑（请见第二部《颜色》），我沿用自己经常在工作中放松心情的方法——暂时离开现场。我告诉自己，这些墙在一开始就已被设定为白色，这一个阶段的浓烈不应该阻碍我的感受。这会影响我为其他部分做搭配的设想，只要离开一下，我就能捡回信心。

我想要有一个可以使学员感到安心专注，
让我把持家的经验与教养的热情一起传送出去的地方；
我希望学员们来到这里，能自然地静下来，
同时相信来到这个空间里的人，即使陌生也很和善、很真诚。
但愿，我所设计的空间能帮我抚慰、爱护、欢迎他们。

> 空间并不像照片的呈现，
> 能把收纳形象者的眼光限制在某一个范围，有如照片的格放或剪裁，
> 所以，“比例”要以每一个施作现场的总景观为基础。
> 比起任何只强调黄金比例的规则，我更信任自己眼睛所见到的美。

空间的困难与迷人，都在于它的“不能限制”

隔间都顺利完成之后，拱形开口的滚边是我与工班协调的另一个大问题。无论衣服或建筑，滚边当然既有装饰也有加强固定的作用，但也一如衣服的滚边，粗细是各有味道的，设计的人要预想它的效果。

要让工班了解我的思考，并不是经常都很顺利。他们受到“一般人都这么做”的“眼光”与“施作最方便”的工法所限制，对于比例，总是依“规则”而来。这些规则我都不反对，但我认为还有一个更重要的规则没有被提过：“比例”要以每一个施作现场的总景观为基础。所以，比起任何只强调黄金比例的规则，我更信任自己眼睛所见到的美。因为，空间不是照片呈现，不能把收纳形象者的眼光限制在某一个范围，有如照片的格放或剪裁。空间的困难与迷人，同时都在于这“不能限制”，所以，很少有照片能真正传达出空间真实的美，但也有很多空间照片是亲临不如览照。

虽不能“限制”身处空间者的视野，在空间的设计中，人却能主动抛出“吸引”的讯息。所以，如果想要突破，想要“软性限制”进入空间者的眼光所及，最自然的方法并非是“堵”而是“夺”，用巧妙的方式吸引住目光，使视线集中而不散乱。好几个拱门的开口自然是工作室重要的目光所集，因此我很注意滚边的粗细配不配得上开口的大小。大开口并不是不能配细滚边，但我想以较糙质的感觉来忽略现代成屋的单薄之意，所以，我要造成的印象就不是“隐”而是“显”。

但砖块交丁收尾之后，长边已变成厚度，凸露的只剩短边，这看似无可奈何的问题还是应该解决。我非常耐心地拜托工班，再切半块砖，把边加厚一层。等这粗的滚边做好了，气势就大不相同，真的比原来好看太多！我虽然高兴，却也不敢太动声色，只把陈先生拖

要说服工班用新的眼光或作法进行尝试，一点都不容易。
还好，我有自己的方法，尽量不用态度或语言上的坚持，
而是用其他材料做比喻，造成“眼见为实”的优势。

到门的远处，邀他仔细端详，再试问，可觉得这比原来好看得多？陈先生笑了，头还没点完，我已指着烘焙室做好的单层滚边说：“那就麻烦这边也再加一圈了！”

只见陈先生把手往头上一拍，十分懊恼刚刚一不小心的真心回话；但他拍完头之后的笑，却一点都没有违背自己对于美的忠诚。他或许觉得踏进了我设的陷阱，我却觉得自己只是把他骗回他已遗忘了的路——“爱心的匠意，则杰作在望”。

我用于滚边加厚的方法，非常类似于我们在石板或家具木料常用的“假厚”，这就是以“后添”的局部，来塑造材料原本的不足，或工法未能一次照顾到的细处，当然是一种利用错觉的装饰法，但如果用得好，效果通常不错。我说“用得好”的意思，是指要添得合理，做得细致。

“会刨柴鱼，就会刨木头”——生活即是工法

自从那道滚边之后，陈先生似乎了解我不只不算一个“外行人”，对于工法，听听我的意见也不错，所以，他变得会常常跟我商量更小的细节。在我们隔出玄关，再为那较圆、较窄的开口上滚边时，陈先生主动问我那砖该怎么放才会更好看。我跟他解释我的想法：对于施作的疑问，我们并无须直接切砖来实验，只要撕一张纸来摆放，就能想象它合不合理。长方砖要围成圆形，不该取对角切，如果造成直角三角形，砖就显得生硬，以等腰三角形的切法削去两边，一定会更好看。

我有这样的想法，并不是因为看过别人如此施作，或看过哪本书上这样写，我是用比萨的切法来想的。我从背包中拿出笔记本，随手用纸撕下自己的建议，围给陈先生看。有趣的是，虽然他似乎也同意我这个想法，但真正施作时，却还对自己的旧作法无法释怀，所以现在这门框有一边还是砖头斜角对切所接成的外缘。

说服工班用新的眼光或新的作法进行尝试一点都不容易，还好，我有自己的方法，尽量不用态度或语言上的坚持，而是用其他材料做比喻，造成“眼见为实”的优势。

多数人以为的宽广就是打通，
好像只要让空间“开放”出来就会大，而大就是好。
这一次，我虽是造墙来挡，却没有减低宽广感，
这些没有相向，但能彼此联络的开口，增加了动线上的趣味，
使原本一眼尽收的空间不再那么呆板，却可以四通八达。

木工班进场后，也经常沟通困难。有时候，我觉得非常气馁，感觉既费神又气氛差。我本来就不是看起来有权威的人，又不善于告知对方过去算起来还颇为丰富的经验，他们这样否定我，我是可以理解的。有一天，我跟木工班说，门片拼接的木条要“倒角”，倒的角度要够大，他们既不耐烦又不屑地看着我，露出懒得搭理的态度。那时天阴，大家正要收工，工作灯照射下的四处，看起来落寞得很，我也恨不得工班赶快走，只要他们一走，我就要拿他们的刨刀自己把边倒出来给他们看。我就不相信，我削不出自己要的那个角度。

果然，我做到了，那晚我把木条放在木工先生的工作桌上，等着他隔天一上工就可以看到。再见面时，木工先生没有对此沉默，有点讶异地对我说：“你连这个都会？”我笑答：“会刨柴鱼，就会刨木头。”当天下午，我还拿了两块用削刀滚过边、形状柔圆的红萝卜去给他看，带点善意的“示威”。这些事情我是熟悉也够理解的——如果小小的曲度能给食材添增形状的美，同样的工法当然也能柔和门板饰条的切线利边，其中的阴影又能造成角度的变化。

开放、隐藏与机能，造就空间的惊喜变化

我觉得工作室值得一提的部分，除了我用砖的理由，还有我在一楼所创造的五个开口。这些墙与进出口增加了动线上的趣味，使原本一眼尽收的空间不再那么呆板，也使一楼的空间可以四通八达。许多人共处时，有一种可以分隔开来各自工作的隐私感，但工作间又会有走动时不期而遇的小惊喜；也许，我可以形容这好像是同处一个空间却有邻居的感觉，不是过近，也不是太远。

那些没有相向，但能彼此联络的开口，是我为了打破隔间惯例所做的实验。现代住屋的隔间只有整齐却没有趣味，墙都是直角相交，门也是许多长方形，而窗的开法更是莫名其妙（这不是骂人的话，而是“讲不出有什么特别好”的意思，但设计就是要取其“够好”）。多

数人觉得宽广就是打通，好像只要让空间“开放”出来就会大，而大就是好。这次，我虽是造墙来挡，却没有减低宽广感，因为有几个开口很大，而所有的开口都没有门，所以墙与出入口并没有浪费掉实际可用的空间。“没有减低宽广感”并不是我的自说自话，而是根据造访过工作室的人所估计的坪数来做结论，几乎每一个人所感觉的都高于实际面积。

虽然因为挑空，在一楼就可以一眼看到二楼的存在，但如果上课不用到二楼，我就希望以最礼貌的方式谢绝上楼的参观，所以，我把楼梯隐藏起来。建设公司本来要给的水泥梯不是我要的，等我把上楼的位置改变之后，梯就不再贴墙而上了，而是挨着面对后庭的一片玻璃窗，采光好极了。为了这自然的轻巧之感，我觉得水泥梯座配不上这些光，所以一开始就要求换成铁件的龙骨梯。因为台东爸妈家的楼梯非常好走，所以，我一直都很注意阶

> 要让一个空间有足够的弹性，除了设想得早，也要了解生活。
> “机能”与“需要”是我设计任何空间时从来没有离开过的思考基础。

梯的宽度与高度，怎么踩才会上楼轻快下楼自在，是需要好好研究一番的。

我在实地量了又量、算了又算，因为这段空间的长度无法排列下我认为最理想的阶梯数，所以，我就在上下各制造了小平台来转弯，把一个平台切成两个三角，让梯数能增加，这样每一梯的高度就可以减一点，使提步变得更轻松。有时我匆忙之间快速上下楼，会有一种音乐的感觉，好像用双脚在敲钢琴。

为了使这道梯更不受那些无法更换的铝门窗所拖累，我在梯与窗之间又用砖砌起一道40厘米的平台。而这道楼梯面对餐厅的部分被一道局部的中央砖墙挡起来了，但挡得若隐若现，因为我还要利用梯下的空间，也还要对它的“隐”或“现”有主控权，所以墙的两边上的是与墙同高的大拉门。

虽然在设计隔间时，我并没有以居住为思考，但我知道，如果有一天，我要把她的功能转换变成一个“家”的时候，也不会有太多需要改变的地方。要让一个空间有足够的弹性，除了设想得早，也要了解生活。“机能”与“需要”是我设计任何空间时从来没有离开过的思考基础。而从我自己变化多端的“生活前科”来看，我也应该要想好种种可能，以应对生活中的善变；谁知道哪天心血来潮，我不会想要以此为家呢？届时，我只要更动一些家具，她也可以是一个很舒服的窝。

“该”字底下的功课，才是永远的目标

动工满一个月后，本来带点嘲讽的人，似乎不再笑我了，他们虽然还没有说“漂亮！”，但已开始语带期待地猜测，或直接说“很不错”“好像很壮观”。疑惑也有它的趣味，在我的想象化为真实之前，因为没有图面可供任何人参考，所以有了话题供他们取乐。

木工进场后的一个星期，小女儿Pony从学校回来了，她在我的口述下，用描图纸画了几张

图，把我的意思从抽象转为具象，也让工班能更了解我的要求。尺寸图并不难，但尺寸图无法提供“味道”。Pony的图在工班与我之间搭起了更好的桥梁，我把图衬在印出的照片之上，邀请他们进入我的想象。

随着年纪越来越大，我对“柔软”与“坚硬”的辨识也越来越敏感。看着那几道用砖筑起的出入口，我想我是在寻找属于自己欢喜的柔软。砖的线条虽是方而硬，但是用砖筑起的墙得靠水泥砂黏叠、无法笔直，这柔软的感觉于是自然散发。我奇怪建材的温和竟与性格的温和有异曲同工之妙，常被错识于一眼所感的认知。

同样一种建材，裁切与排列的规划不同、粘贴的工法不同，最后呈现的感觉也会有软硬的不同。我经常跟工班说明这些小小的想法，起先大家会笑，做好之后，终于同意我先前的顾虑是对的。

这场工作在整整两个月后顺利退场，我相信这速度远超过大家的预期。每一天，我们的努力都没有白费，而我最感到欣慰的，是陈先生在完工后笑着对我说的一句话：“蔡老师，水啦！该粗的粗，该细的细。”

他一定不知道，“水”不是我对自己设计空间唯一的期待，那“该”字底下的许多功课才是我的目标。

Thinking and Doing

【原貌→想象→实现】三部曲

我与女儿讨论我的想法，我喜欢她信笔替我画下的图，以下的几处地方，刚好给大家一些参考。在每一个空间的三件式图组中，第一张都是工地的原貌；第二张是以描图纸衬上照片所画的草图；第三张就是工程完成时的样貌。

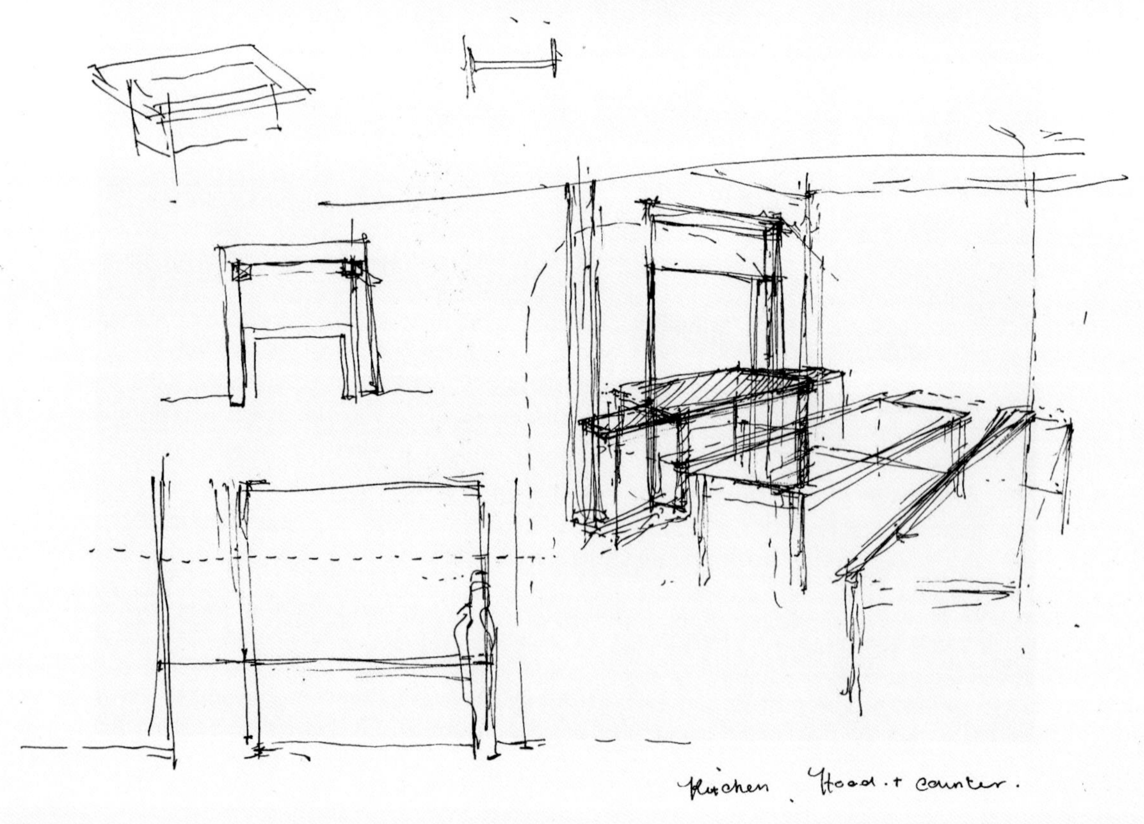

> Space 1

二楼的角落有个不大不小的窗户，如果以现状存在，既不出色也没有多大的实际作用，因为旁边已有整片落地窗可采光或通风，但如果封起来，原本的墙就成了一整面单调的壁。这种小窗常出现在新建筑的厨房里，它的尴尬是装修前看不到的，但装修后一定会显出味道的隔阂，成为一个未经收束整理的装修缺点，因为窗框很丑，大小也很奇怪。

我决定加宽木窗，来改变它给人的印象，使一个横向小窗变成一整扇双开的对窗。当时，我想象着如果外加的木窗用镜子来代替玻璃，这样，它从琴房出口借景而来的错觉就可以跟窗外那不到1/8的真正自然光与绿景合而为一。这个角落我称她为Pony角，是专门为小女儿所留的，她做模型或画图时，可以专用这张桌子。

从照片与图的对照中，可以看到我在落地窗与小窗之间多造了一个假柱。这个假柱是用木工而非泥作，用意在打断墙面原有的联结，使这个桌子在开放中也有完整独立的感觉。这个假柱的厚度是以落地窗左边的柱子为准，因此，落地窗与书桌都能左右平衡，有所倚靠。

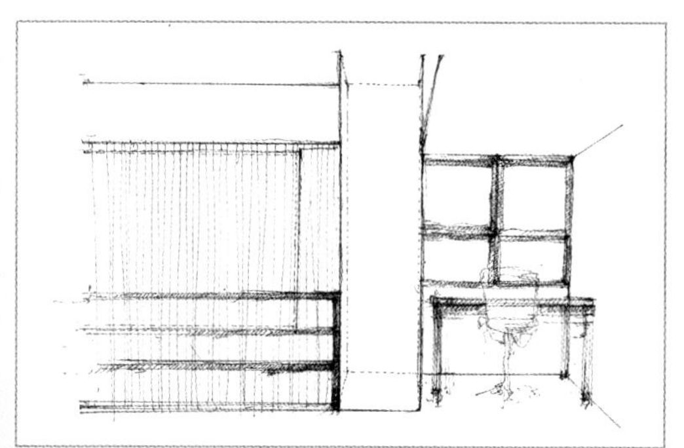

> Space 2

装修工作室之前，我完成过好多种书架的做法，包括整墙的实木书架或以系统家具来完成一个大的书房。但我始终不满意这些材质最终散发出来的与书籍的关系。这次在工作室中，我试着以砖、铁件和实木板来跟书的收纳做结合，这四者其实有一个共通的特点，就是物质与精神上的耐久。

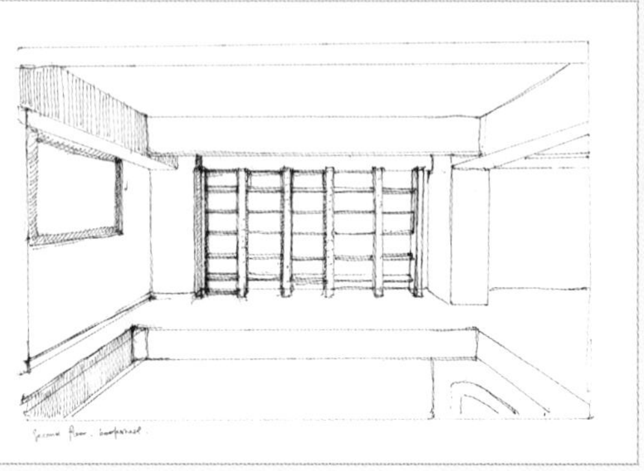

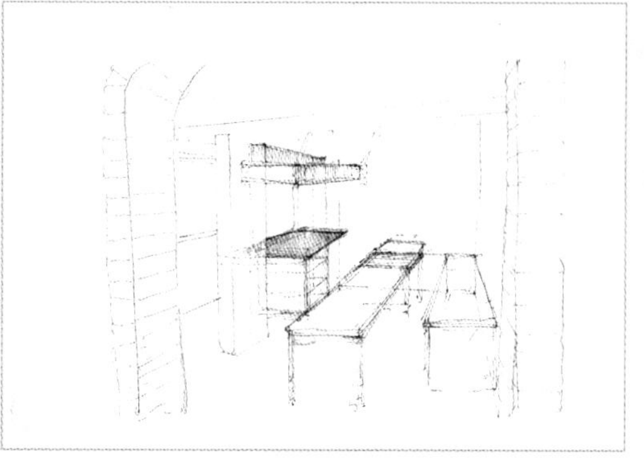

> Space 3

这个工作室的功能之一是烹饪教学，而教导热处理的理想状况是，我可以与学员“面对面”来观察他们的所学，所以，我把炉台的空间设计为两面可以站立的动线，同时也改变了原窗户的样式。但为了要与大楼的外观一致，窗的颜色在工厂就已烤成内外不同。绿化过后的厨房，是大小学员都非常喜欢的角落。

有机会为父母亲设计并打点老年的家，我的心是非常珍惜、感谢的。
我想规划出一个稳重、完整、优雅的居处，但愿这个空间能辉映我父母的暮年澄光，
使我们接下的两代在聚集时，记得我们有重视生活质量的父母祖辈，
自己也因此要加油，一代好过一代。

打造反哺之屋 ｜我心目中的豪宅就是“好宅”｜

“我心目中的豪宅，就是‘好宅’！”

工作室之后，我再度运用大量砖块完成的空间是位于高雄，父母亲现今的养老居所。说起来，这也是另一个不可思议的装修故事。

二〇〇八年回台湾，决定从台南北迁至三峡居住，虽是几分钟之内的决定，但这冲动的推手，其实是从小与我最亲近的二哥。如果不是因为他的介绍，我不会主动去探访才刚在造镇的三峡，因为我们自从童年就聚少离多，中年能比邻而居就成了人生大梦。

那时，二哥已在三峡的一栋大楼买下两户后阳台相接连的房子，准备一户给爸妈北上时住，另一户自己用。但当我也在同一栋大楼买下现今自己的住屋，准备与他为邻后，哥哥却开始在高雄拓展他南部的事业，从此神龙见首不见尾地南北跑，我们兄妹不常在大楼碰见，却偶尔会在高铁上遇到。中年之后想要接续童年手足相依的梦想，显然还是难以实现

的，这让父母离开台东老家，北迁就近与我们一起生活的希望，更加渺茫。

爸妈曾经来二哥帮他们安置的新居试住过几次，不习惯的理由很简单：我们都很忙，而他们在此地也没有自己亲近的朋友，要愉快地好好住下来实在不容易。在台东，他们的居所虽已使用多年但很舒服，独门独院、简静安居，有自己的老朋友与熟悉的生活机能。爸妈虽然都已过八十了，但进出还是自己开车，不过，也就是经常想到开车的种种危险，又有几次病急无人照料的经历，哥哥与我都觉得，只要有更适当的机会，还是要劝他们离开台东。

就在我还在台南装修中医诊所的一个晚上，哥哥打电话给我，很神秘地说："你明天早上来高雄一趟，我买了一个房子，交给你，完全按照你的想法去弄，我觉得应该会很不错。不过你先不要跟娘说，她会骂我，等完全弄好了，再让他们知道。"

我是家中的老幺，也是唯一年纪与前三个手足稍有差距的小妹妹，从小就很容易被兄姐要求守密。但没有一次例外，他们的秘密，永远都是自己先泄露出去，再由母亲说给我听，或问我知不知道。

这个房子也一样，我虽然看过了却没有泄露任何讯息给妈妈，妈妈虽然自己听哥哥说了，却没办法赶到高雄看房子，这使她更忧心忡忡，想着我们这对天马行空的兄妹，不知道又在捣什么蛋了（小时候想必时常让她烦恼，例如哥哥会带着我逃钢琴课去看电影，因此长大之后，就对我们的合作更加忧心忡忡）。妈妈问我：这么大（一百多坪）、这么旧（二十几年）的房子好吗？你哥哥到底买那房子要做什么啊！……我可以想象电话那头母亲的脸有多忧愁，毕竟买房子不是小事。

凭良心说，大概很少人会喜欢这个房子售出给哥哥时的模样，也因为如此，我不能不佩服他的慧眼独具，或其实该说，是他的"心血来潮"呢？据说，他是一个人去吃牛排很无聊，看到招贴要卖的单张立刻联络中介，几次带看之后，没跟任何人商量就决定买下了。所以，当我看到这个屋子的时候，她已经属于哥哥了。哥哥直接把任务交给我，用的是他惯有的语气，有点独断又有点幽默："你有把握把她变成一个豪宅吧？"沉吟片刻后又说："我心目中的豪宅，就是'好宅'！"我亦喜亦忧地点点头，决定全力以赴。

在大方的格局中，凝聚家人相处的情感

虽然我因为台南的几场装修而常住饭店，台北的课程也因此不能正常开设，实在好想结束这样的生活，却紧接着就受了哥哥的委托。既是为父母亲所做的事，我怎能不乐意效劳。更何况，那个房子实在也有非常迷人的条件，地点亲水，每个窗外的绿意堪称树海，是一个地段、方向和楼高条件都得俱足才能拥有的景观，光以设计的魅力来说，要得到改建这个旧屋的机会，也是天上掉下来的礼物。

因为南北跑，时间总是受限，而我与南部负责施工的尤先生又都很忙，最后只找到一个黄昏去看现场。讨论当中，天色已全暗了下来，因此，这一场的第一次打样，有的地方是打着手电筒进行的。

我没有接受尤先生所提，把很大的起居室划出空间做影音娱乐室的建议。我只想把这近100实坪的室内空间，规划成一个稳重、完整、优雅的居处，但愿这个空间能辉映我父母的暮年澄光，使我们接下的两代在聚集时，记得我们有重视生活质量的父母祖辈，自己也因此要加油，一代好过一代。

我也要在重新规划时，一举打破先前两户打通却没有修饰的痕迹。合并户延用原本一户的出入大门，在我看来是“以小入大”最失策的决定，门是一个房子的气势先导，为了麻烦而不处理这种问题，就等于自行舍弃“大方”的可能。

我打掉了两户门与门之间的局部墙面，决定再困难也要让这房子有一个比例正确的出入口，跟一个台湾住屋最不重视的大玄关。我更希望这个房子不要一进门就看到窗外的美

墙面上截出凹洞，再用圆形的转角柜加以修饰，
虽然让房间减少了些许面积，但对走道来说就好玩许多了。
空间的趣味与韵味，就展现在这细节的巧思创想之间。

景，要使初访的客人在通过玄关，都换完室内拖鞋、心情就定位之后，经过一个转折才进入客厅。这时，他们的心情才合适于体会那片树海在生活中出现所产生的惊喜之感。

这个玄关比一般房子所规划的大很多，有鞋柜与客人应该在玄关就挂东西的外衣柜。我非常介意客人把外套包包随地放在客厅的感觉。

因为这是父母亲的老年居家，也会是我们家人相聚时最重要的据点，我把厨房和餐厅的空间放到最大，以吻合我们家庭总是以饮食、以厨房为中心的生活方式。

在这个空间里，我还做了第一次尝试，希望能借着不幽闭的隔间方式，让洗衣台在必要的时候加入厨房的操作。如果三代相聚时，我们至少有十几个人，而凝聚家人于厨房最好的方式并不是只有食物的引诱，还应该有足够的操作区，大家都有所贡献，相聚的气氛自然回到童年我们总是一起做家事的情景。也因此，洗衣台的水槽我用的是厨房的质量，而不是洗衣间的模式。

“有趣一点”，是我对空间的基本希望

哥哥经常往来于台北、高雄，母亲希望最大的主卧房还是留给哥哥嫂嫂，客厅和起居室于是作为左右两大区的间隔。爸妈的卧室、两个房间，分布在面河的左半部，开放式的书房则是卧室与客厅之间的转圜区。爸爸非常需要上网与阅读、查数据，他的活动范围就是卧室与书房；而母亲最重要的领地仍然是厨房，她是那里的五星上将。

除了爸妈的卧室是套房之外，我把一个较大的浴室区重新规划为一个淋浴室和另一个客用洗手间。一般的住家因为空间有限，总以两套卫生设备为主，所以如有来客，还是要进入浴室才能上厕所。但浴室实在是一个隐私空间，难免有很多私人用品陈列其间，如果房子够大，最好能规划出一个单一用途的卫生间。

这个隔间，我认为是一个很成功的尝试，为了避免让两个门平行排列，我牺牲了浴室的一点空间，制造了一个墙面，再让门分立两边面对面。这个决定其实是很重要的，如果不是此处改变了动线，这个走廊上就会有四个门到处对看，另两个是卧室的门。而一个走廊到处有门的规划，在现代的新公寓中几乎是避免不了的情况。

“有趣一点”还是我对空间的基本希望。为了处理一大间、一大间隔出后一定会出现直角墙面的问题，有几面墙我故意截出了一个凹洞，再用圆形的转角柜修饰起来，虽然对房间来说少了90平方厘米面积，但对走道来说可就好玩多了。

工人因为不知道我早已把转角柜买好才请他们如此砌墙，起先一直建议我不要这样做，

当坪数越大时，
通常地板的面积所显现的部分就越大，
所以它在整个装修上，
一定要兼具两项几乎同等重要的责任—实用与美感。

他们觉得又难看又不划算。现在，也许你可以从左页的照片中做下你自己的判断或以此想象，如果这面墙是用传统凸出直角相接法，这个角落将会是什么样貌?

质朴浑厚的仿古地砖，映衬父母亲的生活历史

这个空间的地板，我花了很多时间思考，也为此多次进出供货商的展示场寻找材料。我自己的家，除了玄关之外，都用超耐磨地板，因为厨房与起居室完全没有隔开，所以厨房的地表也是以超耐磨地板铺设。但这次，我不想要用木地板来铺设连成一气的餐厅与厨房。

父母亲年纪大了，家里并没有相随的佣人，我想为他们选择一种使用上可以不要太费心的材质；又基于是老年的家，我觉得质朴浑厚才配得上他们的生活历史，所以我用了几块不同的仿古地砖来搭配，有些拼色、有些一色到底，但整个屋子的地板还是统一在一个共同的基调之下，这样就不会有眼花缭乱的感觉。

为什么我要特地提一下地板的问题，是因为每一个房子的基本功能都相差不大，当坪数越大时，通常地板的面积所显现的部分就越大，所以它在整个装修上一定要兼具两项几乎同等重要的责任——实用与美感。当然，这并不是说小坪数的房子地板就不重要，但通常小坪数的房子放完所有的家具之后，地板已成了一个衬底，而不是一个独立的单位。所以，如果坪数小而预算有限时，最该节省的费用在我看来，其实是地板。

这个房子在装修上值得提供给读者的经验，是老屋新修所用的成本有一大部分无法响应在“美化”之上，因为这些钱都用在基础工程了。这个房子几乎被我“连根拔起”，更新水电的管线，挖地凿壁，不只工地乱糟糟，我也担心预算操作得乱糟糟。而改旧屋就像拆旧衣物，本想只做哪些部分，结果越拆越散，一发不可收拾。

更新不只是一大笔花费，新铺设的工程是否质量与技术都没有问题，更是需要好好注意的

部分。钉在屋表的东西要拆都不难，埋在地壁的管道可千万不要出问题。

圆中借景，尽揽绿波荡漾的自然幽情

这个老房子的阳台是以圆形的水泥洞与外景相接，我想应该是当时很时髦的造型，因为河边的老榕树已高过这个楼层，所以洞中所见，绿意盈目，真是非常漂亮。说真的，我不是很喜欢那两个圆洞，本来一直想从里面再造一点墙面来改变它，这中国庭院味虽很不错，但我们没有其他与之对话的元素。

但是哥哥说，他喜欢那两个圆，“团团圆圆、圆圆满满”是他对这个家的期待。我想，这是对的，我们一起为父母亲想一个好的老年居处，就是希望大家能团圆、生活更圆满。等整个装修完成后，我也觉得哥哥的决定比我更好。当然，我没有留下当年所用

中国庭院味的圆形阳台，
风起时，绿波荡漾、枝叶摇曳，
所谓树海，原来如此。
这“团团圆圆、圆圆满满”的象征，
也是我们对这个反哺之屋的美好期待。

的二丁挂，全部铲去后只抹平涂漆，希望这洞之外尽量低调，不要去争夺那片绿意的风头。

我真是太喜欢这个房子的阳台与树之间的距离，仿佛这些树是特地为这个房子而栽种的，所以虽不是位在一楼，阳台却有花园庭院的感觉。风起时，绿波荡漾、枝叶摇曳，所谓树海，原来如此。左圆洞看出去的完全是老榕树，右圆洞斜前方则有一棵夏绿秋红的榄仁，如果从阳台往右前望，高雄最高的建筑“青云大楼”也在远天。

有一次，我因为演讲而在高雄过夜，一早起床经过起居室往餐厅要去找母亲时，叽叽喳喳的鸟声把我吓了一跳。原来，十几只小鸟从洞里飞到阳台的盆栽树上来玩，不是麻雀而是好漂亮的绿绣眼，它们娇小轻巧的身影与可爱的鸣声，使我想起了《闻笛》这首诗——

> 谁家吹笛画楼中，断续声随断续风，
> 响遏行云横碧落，清和冷月到帘栊。

虽不是笛声，却同样有着中国独有的生活幽情；这些粉眼儿、相思仔，原来是只一穿飞，就可来访的。哥哥做了多好的决定，这是一个多么美妙的家！

在建筑世界的故事中，大家熟知的建筑学者范裘利与现代建筑巨匠勒·柯布西耶，都曾在三十几岁就为母亲与父母亲设计居所，世人就以“母亲的家”来代称他们的作品。我既非建筑师也非室内设计师，却与他们一样，有机会亲自为我的父母亲设计并打点一个老年的家，心里是非常珍惜、感谢的。但最感谢的是，二哥与二嫂的一片孝心，还有他们对我全然的信任。

Thinking and Doing 1

永不幽暗的玄关，提供接送的情意

玄关是大门之后最重要的空间，也是人与这个空间相处的初印象，虽然只是短暂停留，但对于整个室内有着极重要的支持作用。所以，我的玄关绝不会全暗，她总是提供一种接的欢迎与送的温和情意。

Thinking and Doing 2

以温润的实木柜，打造母亲戎马一生的厨房领地

为了配合父母的美妙年岁，我不想用太现代感的厨具。原本屋主从他又新购的房子中挪了一套很好的厨具来相送，配的是纯白的镜面柜门，就像我们在熟悉的厨具展示场所见一样，美则美矣，但与在厨房戎马一生、身经百战的母亲并不相配。

我检查了柜身与配件，都是非常好的产品，所以只重新排列并按着地形增加了一点橱柜，再以定做的实木柜门加于其上。岛台也是直接用四个漂亮的实木柜背对背拼接起来的，每个柜子的相接处有约3厘米的缝隙，我直接补了实木条再封起来，上过漆后，桌面看不出来有拼接的感觉。而柜与柜之间，我也特地加了一点铁件装饰以打破拼接感。

Thinking and Doing 3
书房的半开放设计，既延伸视野也可互通声息

书房的安排除了有实用功能之外，也可以联络不同的空间。我设计这个区域时，想到父亲的作息很不规律，又喜欢使用计算机或阅读书报，我不要他因为这些习惯而关在一个房间里，所以让书桌面向起居室，这样他抬起眼睛时，视线可以延伸得比较远，而母亲也能知道他的动静。老年夫妻常常要注意彼此的状况，尤其住在这么大的房子，如果关在一个房间里，发生了什么事，就不容易知道。

Thinking and Doing 4
合宜的颜色与粗细，减低围栏对景致的阻碍感

哥哥坚持要保留的圆形，上一任屋主是用不锈钢粗管来做安全围栏，我一直思考着要如何换掉这个围栏，使眼睛穿过圆看到绿意时，不致感觉到围栏的阻碍，或者说，把阻碍感降到最低。我特地好几次分别在白天、晚上去观察这个洞里的风景变化，找到了要解决的问题。

第一，它的颜色应该要调整到与那片风景中的某一个颜色相近。但绿色不是好的选项，所以我转而去找一片绿当中，或浅或深相伴其间的黑色。当然，以真实的景物来说，它并不是一种真正的黑，而是印象之中的黑，但这样一来，就更有可以协调的空间了。

第二，铸铁的粗细要适当，要能表达出质感。所以，我坚持要看成品的样本，而不接受厂商给我看的照片。这个围栏是不能出一点差错的，如果用薄的铁件再飘上一点金漆，那我所有的考虑可就功亏一篑了。

回头找一找

运用你的判断与想象，以下的工地原貌，
对应的各是前页中完成装修后的哪个空间区块？

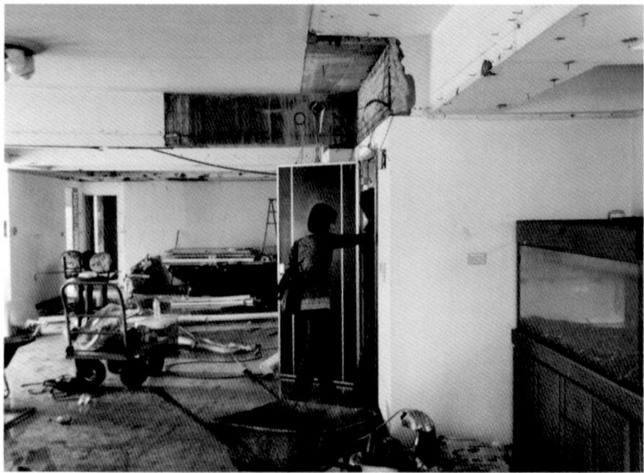

【答案】上图 85页左图 下左图 94页下图 下右图 85页右上图

子女独居独立是树大分枝的开始，也是每对父母都应感到快慰的时刻。
在装修三峡的新家时，我的目标就是设计一个气息稳重、功能完整的家，
让先生和我的中年生活能更专心彼此照拂，
在安然恬静中有悉心过活的生动。

两个人的餐桌，两个人的家

| 生活的美好体会 |

许多人问过我，为什么搬到三峡来，当我说："这是三分钟的冲动决定。"大家就更觉得不可思议。他们摇摇头时总会再问："要搬到一个陌生的地方，不用好好考虑吗？"也许因为我是一个对于"变动"习以为常的人，对于住哪里并没有定见，只要能在一个空间中用心生活就会有安定的感觉。

虽然在十二岁那年已离家住校，但这份催化情感早熟的经验不但未使我忘却家庭的意义，反而让我更珍惜永远有家可归的幸福。离开原生家庭之后，因为太眷恋家庭的形式，我很想早早结婚生子。十八岁与先生相亲认识，经过多年交往，终于建立了两个人的家。我的家事能力很足够，夫妻又能彼此认同，先生与我的确创造了一个气氛很幸福的小家庭。此后二十一年，我们夫妻投入最多心力的工作，是亲自呵护两个女儿长大成人的养育重任；无论搬迁到哪一个异乡，我们的家都是以四名成员为结构的同心单位。

家人是我这一辈子的生活重心，
也是我在不同阶段成长最重要的生活伙伴，
如果没有把“人”纳入思考，
我对空间的想法就没有完整的诠释。

二〇〇八年，就在小女儿要远赴罗得岛上大学，而大女儿也还在费城继续学业的那一年，我才意识到，这个结构将随着乳燕离巢而有大改变；我所熟悉的家庭生活，也将随着女儿们的长大成人告一段落，并展开另一个新的开始。孩子虽非成婚成家，但也只有在寒暑假才会回到身边，先生与我在一九八五年开始的两人生活、只有两个人的家庭形式，又将再度重现。

展开中年新生活，不舍中也有着兴奋期待

有好几次，当我认真思考着这将要展开的新生活时，虽不舍孩子的远离，却也不否认自己的兴奋期待。这并不是因为养育孩子的工作太辛苦而终于到了能够卸下重担的阶段，更不是因为我爱她们爱得不够，而是在我自己的价值观中，人生最美好的事，莫过于家庭成员人人能够独立、能够规划并实现自己心中美好的生活。

子女独居独立是树大分枝的开始，也是每一对父母都应感到快慰的时刻。我希望我的感情生活是以夫妻彼此照拂为最美，而不是期待孩子永远留在身边相依偎，所以，在装修三峡的新家时，我的目标就是为我们两个人的中年生活设计一个气息稳重、功能完整的家。

要放弃在台南的“生活”并不难，要放弃台南的“家”却不容易。记得我在打理搬家时，还不停地安慰自己说：“没有关系的，这房子还是我们的，随时都可以回来住住。”但自二〇〇八年五月搬离一直到来年七月，我虽有几次到南部演讲，却连顺便去看看那个家的时间都没有。渐渐地，我了解到，或许自己不是真的没有时间，而是没有了与她再见面的勇气。于是我主动跟先生说，找一个真正爱她的家庭来照顾这个房子吧！一个再好的空间，若没有人细心呵护，是不会真正“有机”的。

关于台南这个房子的装修过程，我已在自己的第三本书《我的工作是母亲》中详尽说过，这里就不再重述，但为了补足当时因篇幅所限，未能给予读者的图像参考，我把部分照片

都放在这本书的第一部第二章《变与不变》。

台南这个案子的工作虽然非常烦琐，但只用四十天就完成了所有打通与翻修，无论对工班或我来说，它都是一个“纪录”。我不觉得这个纪录能够再重创或超越，一方面是自己的体能与冲劲都不再能如当年；另一方面，整个社会的分工方式与工作价值观也的确改变了很多。

稳重而简单，完全以两人的自在为考虑

三峡的房子在二〇〇七年底交屋。二〇〇八年元旦，我回娘家时遇到了童年友伴的弟弟，知道他在北部当木工师傅，于是满怀期待地跟他讨论，希望把三峡家的木工班交给他承包。我对北部的工班还不熟悉，能有一个熟人来领木工班是再好不过的决定。

我们是以坯屋买下这个房子的，这种装修至少需要泥作、水电与木工三个最基本的工班；当时我虽已从新加坡搬回台南，但还是常常出门，无法专心待在台北协调工班。我把工作分段处理，利用有空的时间做完一个阶段，等再度有空时，再进入另一个施工阶段。平心而论，这并不是好方法，装修工作还是应该要一气呵成，才不会让环境与邻居不断受扰。

第一个阶段进来的是泥作与水电。这两个工班的施作若有效率、而建材也都备齐，是不会拖延时间的。我直接从台南再度商请阿典与蔡老三来帮忙，因为有住宿的困难，所以在三峡临时租了一个空间，大家克难一下，问题也就解决了。

三峡的新家，建商的原设计是四房与两套半的卫浴。其中一小房与半套卫生设备是佣人房，规划在大门入口的侧边。我因向来都是亲自打理所有的家务，并不需要虚备一个佣人房，所以把这个空间重新分配，一部分做了储藏室，另一部分给了厨房与玄关用。

除了玄关与三个房间之外，我把其他空间都开放了出来，以功能做出空间的区分，而不以隔间来指定功能。比如说，厨房的岛台旁也有书柜，因为我的做菜方式是非常少油烟的，所以即使在高度使用的厨房空间中，也可以安心地做出这样的设计。

在前段的文字中，我曾提到自己对中年生活的想法就是“稳重与简单”，所以我要说说这

个房子的“简单”。以物质来说，我们生活中最主要的两样东西只有：书与餐具，所以我的设计目标很清楚，只要让我们俩人有一个“每晚可以舒服睡一觉的卧室”“可以安静工作的书房”，与“可以快乐煮菜、温馨用餐的起居室”就已足够。关于卫浴，我着重在功能：有清洁感，设备可以持久耐用。多年来家中几乎没有访客，因此我并不需要一个可以正襟危坐的客厅，这个中年的家完全以先生与我的自在为考虑。

窗户，是居住空间的灵魂之窗

即使在不同的案子中，装修的步骤与工事也是大致相同，所以，我在这一章中想谈的是我为这个房子所做的最大改变——“窗户”。这是一笔对视觉改变或许不大，对生活质量却很有贡献的投资；至少，对于我这种对窗户样貌与功能十分敏感的人来说，这是很重要的改善。

窗户是房子的眼睛，光以视觉一项来说，不但是使人由屋内看见屋外景物的开口，也是客观呈现房子外貌最有特色的部分。现代住宅因为大量、快速的建造，窗户多是固定尺寸拼接，很少能有特色，又因墙都变薄了，窗框无实墙可依，于是很难有厚实之美。

以阳台来说，落地窗大致分为两类：一是以中央为开口的对拉落地门，或是大小三分、中间留一扇所谓“景观窗”的落地拉门。有景观窗的这种落地门，经常安排得最不合理。通常这种窗户会出现在建商认为自己的建案有特别可取的一景，但是阳台不大、没有什么文章可做时，成为一种取巧的设计。

去看这种样品屋时，不会觉得有何不妥，因为人处在空调之中，窗户无须展现空气流通的功能，不受旁窗开拉影响的景观窗片，的确静态地呈现完整的“景观”。但等人一住进去，需要开窗的时候，景观窗的完整就会被拉开的窗框破坏，如果两边都开，景观窗里就是线条交错的一片乱。再者，如果建筑师在开窗时，左右并没有预留墙面，那么窗帘挂上就会占掉一部分面积，这不但使原窗的尺寸改变，也使光与空气的流通量大为减少。

也许有人会说，那就不要挂两边开闭的窗帘，用上拉的窗帘或百叶帘来调整，但这样一来，是不是进出就很不方便呢？而且，并不是每一个空间都适合用上下放光或调光的窗帘来作为修饰。与其因为建筑设计而限制了装修上的灵活，为什么窗户在建筑阶段的开法考虑上，不能更体贴、友善一点呢？我们多数的人都已经住在很制式的建筑中了，如果能因为一点设想而保留个别的居家特色，我想“住的文化”一定会多一点丰富性吧！眼睛是人的灵魂之窗，而窗也是居住空间的灵魂所现。

窗如画框，配好了才对得起如画美景

从坯屋的照片（上方右图）中可以看到，这个房子面对远山的方向有一组落地窗和一扇对拉的窗户，我觉得那扇对拉的窗户看起来很单薄，但解决这个问题的方法比较简单，我以原尺寸改成一个固定片与一个外推的同色气密窗，再加上厚边框当饰板，来强调出它的分量。我的家面山虽然有好景，但冬天风大，一定要未雨绸缪，一次就解决高楼周边的风所带来的困扰。夫家二十几年前在忠诚路装修新家时，就曾因不胜阳明山直落的习习风声所

对于餐具与书的收纳方法，我都没有可以耀人的技巧或理论，
只是很单纯地以自认为“美”的角度来收纳。
而在美的考虑之前，这些器物与书都要常常拿取，
我又以“自己的方便”或“自己能忍耐的不方便”为考虑。

扰，几个月后又再为所有的房间客厅加上一层门与窗。

客厅的部分，我决定把对拉的落地门改为四扇外开的推门。我不在乎阳台全部敞开，但我希望那片与阳台相接的窗，会是屋内漂亮的一景。因为，以我做菜或洗碗的角度来说，这一整片墙与窗，对我而言是最重要的景观，穿过长窗立门，我才会再看到屋外的景物，它们就像是一幅画的画框，框配得不好，也一样对不起美景。

外开式的气密窗受限于一定的长度，如果我把所有的长度用于从地板起算的高度，那么窗户的上缘就会比较矮，这一定会影响到整个空间的气势。而上接一截小窗作为气窗虽是最常见的方法，但我看着总觉得好零乱。所以，我做了一个决定：先从地面用砖头砌一个30厘米的平台给窗户用，这样我的窗户上缘才可以达到240厘米的总高度。

除了改变这一面的窗户，让我头痛的还有厨房所开的小窗。这个窗户也是一个设想不周的开法，虽然在样品屋中，售屋小姐不断地强调这是个多么体贴的设想，有了它，主妇们就不再是面墙煮饭洗碗，但没有人想过，窗既使空气流通、阳光进入，在家家户户比邻而居的生活中，它也是个隐私的开放口。

当人在这个高约100厘米的开口凭窗而站时，看起来似乎没有太大的问题，但如果退到一定的距离，它就正好是对面人家的坐高，邻家景物一览无遗（即使对邻没有打通厨房与餐厅的墙壁，砧板抹布与菜蔬也都清楚可见，更不要说家居的自在穿着）。由于建筑师把两户的小窗面对面地开在同一条在线，如果不是想取“隔邻呼取尽余杯”的方便，这种天天面对面的情况还真是有点尴尬。我用气密窗把这扇小窗也加封了起来，下推的窗扇使它保有较为平整好看的外形。否则，窗户已小，再分两扇，一拉开，骨骨干干相叠，门锁勾架占据，看着就

书店与图书馆跟一个私人的书房，
无论温度与色彩都是有所不同的。
因为书与阅读者的关系不同，
每一个人安置书本的方式，或定位书籍的意义也不相同，
所以，书房是一个隐私的空间。

觉得十分复杂，有愧于窗户在的意义。

我的厨房没有隔间、光线很好，因此这扇窗所留的光，对整个空间的意义并不大，只要能流通空气就好。我把玻璃换成镜子，使这个窗户有了不同的作用，这样我做菜时看到的是自己的操作动作，它辉映着远处餐桌之外的另一扇长窗，特别在黄昏的时刻，太阳还未完全西沉时，山一片沉稳，流露着似蓝而非蓝的魅丽。我的中年生活也显出一片为己所悦的安然恬静，而静中有悉心过活的生动。

与生活共舞的器物，是也动也静的家饰品

虽然我不是很喜欢装饰品，旅行所至也从不买纪念物，但没有很多挂饰摆设的家，并不因此就单调无味。我的装饰品可以说是既无形又有形的，“生活”以及与我共舞在生活之间的“器物”，就是这个家也动也静的装饰。

我经年累月为家人调理饮食以作为爱的表达，所以有许多慢慢增添，不是名牌却很有家庭历史感的餐具，它们不是我的收集品，只是为我们服务的生活伙伴。我的家人都喜欢阅读，阅读的范围也很自在宽广，而书是不同时间一本一本买下的，当然就保存了每一个阶段社会与自己的时间感，还有不同年代印刷出版业在书背上表达出的美感。我觉得再多藏书的图书馆与书店跟一个私人的书房，无论温度与色彩都是有所不同的；因为书与阅读者的关系不同，每一个人安置书本的方式，或定位书籍的意义也不相同，所以，书房是一个隐私的空间。

虽然这个家的基调是朴素简单的，但生活中为我们服务的餐具与书本，就使得空间的色彩

我知道，当我能在中年或老年为年轻人做出一个生活的好榜样时，
我对他们的爱就不是只挂在口中的关怀。
在这“两个人的家”，我们正累积着自己对于中年的了解与进步，
继续延伸我们对于生命成长的信念，
并且期待着有幸可以携手走向理想中“华丽的老年”。

绝对维持不了“单一调性”。放在工作室的餐具不算，我居家所用的餐具就约有两千件，分装在厨房两门对开的五组透明落地餐柜中。餐柜以横直相交，连同一个厨房后门与先前所提的窗与壁，占了开放厨房三围中的两个墙面。我对餐具与书的收纳方法，都没有可以耀人的技巧或理论，只是很单纯地以自认为“美”的角度来收纳。而在美的考虑之前，这些器物与书因为需要常常拿取，我又以“自己的方便”或“自己能够忍耐的不方便”来作为考虑。

大分类之外，我并没有太高明的小分类，因为这些物品与我很亲近，我总是找得到它们的。形成我们之间真正自在关系的是“默契”——家人与我的默契和我们与器物的默契。以餐具来说，我把最重的大盘，尽可能地置放于柜子较低之处，叠得很密，因为怕太重了柜子会垮下。这样每个柜子的最底层都挤放到将近五十个盘子的量，虽然这么挤，但因为这种挤自有它的整齐之美、厚实之感，自己看着，也并不觉得难看。

对于形状比较不同、数量又多的餐具，我就在乱中取一个“共同性”来做整理的标准。比如说，餐柜中有六层是专门收放蓝色系的餐具，虽然各式各样的形状大小不同，但色彩全都没有离开色系，即使眼花却不会有乱意。这些“共同性”包括：大盘一类、蓝花一类、白瓷一类、咖啡色系一类、深浅绿色一类、红与红花一类、玻璃一类、各式咖啡杯组一类，特殊餐桌用炊具一类，这就是我的自定之序。

书也一样，一半放在工作室，一半在家到处放。厨房旁的矮架上有关于食物的书，走道上有我小时候到青少年看的《读者文摘》，它们虽都有点破碎，对我来说却是最珍贵的小书。书房与书桌上也都能收存书本。

在两个人的家，累积对中年生活的美好体会

在这个家中，我与先生的书房是分开的，虽然我们用的都是古老型的书桌，但他用的是婚

后第一年买的大书桌，最有纪念性，我的则是后来添购的矮桌，我们的书桌与书架各放着自己喜爱的读本。我们有时候各自在书房努力工作，休息时会互相拜访，感觉很有趣；有时候也会在入室工作前相约多久后离开书房在餐厅会合，即使只是在家喝个咖啡、吃点点心，却好像真的出门约会一样。

中年之后，我们已不大受旅行外出的吸引了，似乎再好的饭店也比不上自己温暖朴实的家。在这里，我们正累积着自己对于中年的了解与进步，继续延伸我们对于生命成长的信念，并且期待着有幸可以携手走向理想中“华丽的老年”。

我总说，我对老年的期待是：要住漂亮的房子，要吃好的东西，要对社会有帮助，要爱年轻人。我又说，这四件事情都是我不假外求的。我会打扫布置，所以我的家应当是美的；我会做菜烘焙，好吃的东西可以从自家厨房产出；我希望永远认真思考自己与社会的关联，踏实做好分内的事并影响他人；我也知道，当我能在中年或老年为年轻人做出一个生活的好榜样时，我对他们的爱就不是只挂在口中的关怀。

我很喜欢这个“两个人的家”，她使我对自己的中年生活感到踏实满意，也使我对于物质的节制有着很美好的学习与体会。

Thinking and Doing 1

“观景”厨房，简洁而有效率

我的厨房设备并不复杂，一个高柜收纳烤箱、蒸炉、微波炉与一个嵌入式的小电视。因起居室没有特别安排电视，所以这是需要时能提供的小方便。

洗盆分在两处，一个双槽的瓷盆右下方接洗碗机，由工作平台右转与三口瓦斯炉相交。岛台上还有一个圆形的洗盆，两人同工合作时，分两处各自进行也很方便，或者黄昏时做晚餐，刚好可以面对山景与夕阳。从面对厨房的角度，完全看不到冰箱，因为我把冰箱放在高柜的后方。

厨房的水槽与炉台相接的地带最好有一个工作平台作为转折，这样工作的动线就是从“洗、切、煮”一路往右挪移，对一般人来说，是最自然上手的顺序。但万一情状不能符合理想，任何一个被用到熟悉的地方都能变得“好用”，所以，行动才是克服限制最好的方法。

Thinking and Doing 2

一面镜子，一个值得分享的错误经验

玄关拼花用剩的瓷砖还有十几块，我请泥作帮我贴在厨房一个凹形墙面上，不够的上半部我打算贴一面镜子，这镜子也会减低我做菜时面壁的感觉。

当时，阿典曾仔细地问过我，要贴到什么地方，我也站到实地去确认了高度，但是那天犯了一个大错，我忘了自己脚下穿着高跟鞋（也许大家要问，谁会穿高跟鞋在工地忙呢？的确，这不是工地正确的装扮，但因当天在台北有其他事，我只是在出门前先到工地一趟）。虽然只是几厘米之差，但现在这片镜子在墙上的效果，就远不及我当时的设想。

Thinking and Doing 3

“舍”是为了成全其中一种的宽敞美好

建设公司本把这间长形的卫浴设定为浴缸在内、淋浴在外而共享浴门。但浴缸与淋浴不分是最难清理维护的设计，这只是宣告：你要的我们都帮你设备了，好不好用自己体会。

这空间既不能泡澡与淋浴都得其美，那我就宁愿舍弃其中一样。经过调整后，现在这个卫浴既宽敞又舒服，也很容易清洁。

回头找一找

运用你的判断与想象，以下的工地原貌，

对应的各是前页中完成装修后的哪个空间区块?

【答案】上图 112页　下左图 108页　下右图 101页左图

水平

家庭要有自己的特色，对生活就要有足够的主见。

这不是一个堆积东西的游戏，是你了解生活之后的再呈现。

你通过空间表达的眼光，也就是你所解读到的生活，

因此，无须套用他人的模式，自在勇敢地表达心中的想法。

年轻人的筑家之梦 | 在有限的预算内，创造更高的生活价值 |

在有限的预算内，创造更高的生活价值

我对自己中年的家有看法，对于年龄尚轻、还在养育小孩的家庭如何实现筑家之梦，也有一些经验。除了曾为自己装修过年轻时的居处，我也曾完成两个小家庭的装修设计。这两个案子虽是一南一北，但都是有个小男孩的三口之家，房子的主人也都是在这个家庭意义已经开始动摇的时代，想要通过自己的实践再度重拾旧有价值的父母亲。所以，对于着手规划他们的空间，我的心意是一模一样的：如何在有限的预算内，创造更高的生活价值。

两个年轻人都是第一次购屋装修，屋子一旧一新，一南一北，但坪数相近、功能需要也相近。虽然我是从预算说起，但事实上，他们两位谁也没有对我提起自己预算的底线。我从来不曾打探过别人的经济力，但在决定接受他们的邀请时，我主动提到，不要花太多钱在装修上，因为他们未来的路还好长，孩子受教育要花不少钱，就让我们一起来试试看，能不能把钱用在刀口，思考怎么把一个温暖可爱的家建立起来。这两个房子的单价虽然相差

每一个家庭的基本设备大致是相同的，即使有价差也应在可计算的范围内，
不会因为房价不同，基础装修的费用就产生很大的差别。
要装修房子的人，也一定要了解这些差价所显现的意义再做下决定。

有七倍之多，但因为室内坪数差不到两坪，我觉得装修的总费用应该控制到尽量接近。房价上的差距是基于城市与地点的不同，不该因房价连动地反映出装修费用的大不相同，我对于装修的价值与价钱，一直希望社会能有更真诚的响应。

每一个家庭在设备上的基本需要大致是相同的，这些设备会因为厂牌与分级而有不同，但所有的价差都应在可计算的范围内，不会因为房价不同，基础装修的费用就产生很大的差别。要装修房子的人，也一定要了解这些差价所显现的意义再做下决定。以下我就用几个问题来讨论装修一定会遇到的基本费用。

空调的装设，要从常识面来考虑合用性

空调设备一定是在同一个厂牌之下，还要以坪数、变频、冷暖气兼有或单一冷气供应来分别计价。有些厂商的确会因为抢生意，为了要使装修时的价钱看起来比较诱人，而把供应制冷量做缩水的估价，所以单以空调来说，就不应只是根据这家的估价多少、那家的估价多少为比价的标准，而应该了解总制冷量是否合理。

能不能减少主机制冷量，其实是没有制式标准可循的，而应以房子本身的条件作为考虑。如果一个房子的通风条件不够好，或位在顶楼，夏天非常闷热、散热条件差，所配的制冷量若不够，夏天就非常受苦。也许，在刚装修的时候没有太多问题，两三年后，就会越发显得供应不足了。我有个亲戚就是听信当时抢生意的厂家给的建议而后悔莫及，夏天如有机会在他们家用餐，人一多，大家就挥汗如雨。

但这并不是说，越贵就越好，而是凡事都要“合理”。合理就是有其逻辑性，我们得在多种情况下来了解空调问题的处理方法。空调并不是只需考虑到制冷量就好，如果安装时没有把回风的问题想得够周到，冷房的效果就不够理想；困难的是，室内机的吊挂与回风考

> 关于设备装修的选择，并不是越贵就越好，而是凡事都要“合理”；
> 合理就是有其逻辑性，我们得在多种情况下来了解问题的处理方法。
> 我们应从“常识”的角度来想，而不是把它当成无法学习的专业问题，
> 与其日夜祷告遇到好的施工厂商，不如自己多花一点心思来想通这些基本的道理。

虑，都会影响装修上的美感，所以，这些问题必须权衡利害，并考虑自己最在意的条件。

这么多的考虑并不是要吓坏你，反而把它当成一个无法学习的专业问题，我们应该把它当成“常识”来想。与其日夜祷告你要装空调时会遇到一个好的施工厂商，不如自己多花一点心思来想通这些基本的道理。

好比说，如果了解了冷气永远往下吹，而风扇能帮助冷气的循环，在日常生活中，你就可以随手调整或加强一只风扇，使你的空调更有效用。又比如说，如果你知道了空调的清洗问题有多重要，就可以在装修前决定只要美观地选用某种配置，或以更长远的实用性来选择机种。

卫浴的修改，可由三部分来掌控预算

卫浴设备改或不改，对装修费用会有一定程度的影响。以这两个房子来说，台南的旧屋卫浴敲除重建，但台北的新屋就不用花这笔钱，这两笔经费会有多大差别，应该分三部分来看。

1. 地板、瓷砖的工钱与材料

泥作所涉及的地壁瓷砖会分记两种价钱，一是工钱，另一是材料费。除非是太特别的施工方式，工钱都是有价可询的，多寡将取决于面积的大小。也就是说，除了特别砖要特别贴法之外，贵与便宜的瓷砖即使一坪差价好几千元，施工价钱还是一样。至于材料的费用，没有一定的规则可循。在材料数量上的计算，地板比较容易了解，但墙是立面，又有好几围，高度越高，坪数就越多，有时更因墙面转折，或砖需要“对花”而有耗材的问题，所以，即使看起来不大的地方，也会用掉好多材料。我建议大家要更深入地了解一下计算面

积的方法，的确是有一些设计者或工班，会在这种地方以模糊的计算方式来对待业主。

我曾帮亲戚看过一份估价单，单价看起来很合理，但单位放的其实是台湾并不常用的“平方米”，而不是大家所熟悉的“坪”。这在估价单上一下子看不出问题，实际上却差了两倍多的价钱，实在非常不应该。很多人喜欢把“我们也要生存”挂在口中，用来作为他们之所以不能“非常诚实”的解释，但合理利润才是双方讨论的基础，非得诚实不可。查理·托马斯·芒格（Charles Thomas Munger）说过一段话：“富兰克林是对的，他并没有说‘诚实’是最好的道德品格，他说诚实是最好的策略。”我们在社会上，既工作也消费，如果希望别人在自己不熟悉的领域不要欺骗自己最好的方法就是在自己熟悉的领域诚实地对待他人。

2. 设备的分级与实用意义

一般的卫浴室大概可以分为一定需要的设备——包括洗脸台、面盆龙头、淋浴龙头、马桶与镜子，与选择性的设备——如干湿分离的隔间、暖风机与浴缸。这些设备在分级上的价差很大，但品牌却不一定是质量的保证。对于卫浴设备的建议，我认为，淋浴龙头宜用恒温；公共空间千万不要用单体马桶。台湾北部潮湿，冬天湿冷，如果家中有小朋友或老人家，应该要考虑装暖风机。如果卫浴室没有暖风机又没有窗户，抽风机应该检查马力与通风管道的功能，不可聊备一格。

3. 木工与水电涉及的天花板与灯光

一般成屋的浴室通常都比其他空间矮，我的习惯是把它打开，上升到没有压迫感。但这不只要重做天花板，还要把原本没有贴到瓷砖的高度都补上；有时因为找不到同一块瓷砖，还要另选配搭得上的花色。但高度一增加，对于沐浴产生的热气有循环上的帮助，如果预算允许的话，可以考虑这个建议。

卫浴的照明在美感上最常被忽略，只因为大家都觉得水烟雾气会损坏灯具，但这也是高度不足、通风不够所致。如果天花板够高、通风够好，就可以用你想用的灯具了。

在我设计这两个年轻人的家时，最关心的是他们对生活的期待，日常的作息，以及家人共

该一次到位的工程优先完成，可变动的地方，就留给日后以生活慢慢丰富。
一个家绝不可能一次性地完成她的丰富度，家不是展示场也不是样品屋，
一个家的内涵就是居住者的生活轨迹，她的美也是慢慢磨合而成的。

{Daily Memo}
Joy
Eric

处的方式。我也与她们讨论到，该到位的工程一次做好；可以慢慢添购的部分就不要急。我的目标还是放在基础建设上，至于可变动的地方，就留给他们日后增添。一个家绝不可能一次性地完成她的丰富度，家不是展示场也不是样品屋，一个家的内涵就是居住者的生活轨迹，她的美也是慢慢磨合而成的。

书房与厨房，实现了对家的梦想与需求

两个年轻母亲对于家的梦想与需求，可以说是一模一样：书房与厨房。也许，这也是多数人从外在世界回到私人空间最渴望拥有的休憩之处——一个空间饱足了身体的需要；另一个空间可以喂养心灵的饥渴。

南部的房子问题不大，直接从三房中拨一房来当书房就可以了。但台北这个家庭，要为年老生病的婆婆预留一个房间，另两房是主卧与小男孩的房间，小孩房也没有足够的面积再兼用成书房，我只好在有限的空间中思考“功能共享”的问题。

我在餐厅用顶天的书架筑出一道墙，两面都可以取书，并以书的考虑配置成深浅交错，互补了整齐的外缘线。这面墙除了解决书籍的收纳陈列，还把餐厅直接看到共享卫浴的问题一并解决了。

在地价高涨的都市，新起的大楼公寓常会面对机能与美感相冲突的窘境。我曾看过一个住宅，餐厅夹在所有的门中间，总共有五个之多——三间

卧室、一个卫浴与一个厨房的开口，如果门都开着，看起来像是五个洞，如果门都关起来，就像门片展示场。在这本书中，“门开得不好”这句话已出现不止一次了，但这是我的肺腑之言：建筑时设想不周的问题，到了装修阶段就很难处理。建筑师最能投递一个居住空间的“条件”，果真得此条件，室内设计师就要珍惜所有的美好，再增善意。

除了书房之外，这两个家庭对于厨房的梦想也是一样的：干净、效率、温暖、有生产力。我知道她们都还不算精于厨艺，但很有心于学习，因此对于厨房的功能，只好先由我个人的想法出发。南部的空间是旧屋翻新，本来也有漏水与隔间的问题要解决，趁着敲打就一次开放出空间。而台北是全新的房子，尽量不要再动敲打墙面的工作。不过，我还是想解决封闭式长条形厨房的限制，所以我把门拆了，再用木工在框上加厚加层，使整个入口有半开放的感觉，也显得气派一点。听主人说，到访的家人朋友都很喜欢这个门框的效果。

说起年轻人对厨房的梦想，我想起十八年前在台南运河旁曾装修过一个度假小屋，在这里，我把起居室与餐厅相连的空间完全用柚木的厨具联结起来，成了一个很可爱的地方，打破了系统厨具的制式感。很可惜当时还没有数字相机，所留的底片也不知收藏于何处，无法在这本书中与大家分享。

不过，在那么久之前，我就已经感受到家电用品对于空间装修的影响，于是很小心地把它们都隐藏了起来。前不久，大女儿还跟我说，她小时候跟妹妹只要一去那个小屋度周末，就觉得好像到了国外一样。她记得午睡起来，我会采摘种在阳台上的草莓给她们当点心，她也记得白色木格子门衬着浅粉、浅蓝花团的绣球花样的布沙发和一整个家的气味。一个空间能使我们的心情留在一个已然远逝的时间点上。

空间的生活功能，永远比布置形式更有意义

二〇〇五年四月，我也曾买下一个中古屋来翻新。当时已近中年，很想探索自己对于空间的想法是否能与年轻人情投意合，又或者说，我所珍惜的生活经验是否能通过空间来分享更深的意义与生活的行动，而不是只停留在“装修的形式”或“形式的装饰”之上。

我准备装修好之后就要把这个空间卖掉，但设计时无时无刻都以自己要住在当中的体贴，和年轻人必然有限的预算来作为提醒。我把“功能”摆在第一个目标，华而不实或为了表现设计感但并不重要的功能，全部都舍弃。在这个房子中，我连熨斗要收藏的地方都装置了，小家电的功能合并也是重点。虽然，我自己是从年轻就不追求时尚的人，但还是尽可能把年轻人想要的生活享受放在其中。

比如说，浴室在装修天花板时就已经把音箱嵌入了，喇叭音量调整器也嵌在墙上（这样若音量不对时，不用再出浴室就可以调整）。当然，经过这几年，蓝牙的发展已非常成熟，这个部分无须再大费周章了。虽然我很少看电视，但知道电视对年轻人来说很重要，所以我在靠墙的餐桌尽头安置了画框，框中是一个液晶小电视，一早起来喝咖啡吃早餐时看看新闻，也可以是活力一天的开始。

自从国外的不同居家用品专卖店打入台湾，以大大小小卖场进驻人们的生活之后，强力的广告引发了年轻人对家庭布置的兴趣。不过，喜欢购买布置品，喜欢跟别人交换讯息，并不一定就会带来“常常愿意留在家里”的结果，到头来，有一些空间还是不免走入“作秀”的用途，并没有发挥滋养生活与休憩的作用，因为，形式已经超过了功能。我想与大家分享一段美国建筑师路易斯·沙利文（Louis Henri Sullivan）对于形式与功能的见解发言：

美的正常发展是通过行动达到完善。装饰打扮的不可改变的发展是越来越装饰打扮，最后是堕落和荒唐。堕落的第一步是使用没有必然联系的、没有功能的因素，不论是形式还是色彩。如果告诉我说，我的主张将导致赤身裸体，我接受这个警告。在赤身裸体中，我见到本质的庄严，而不是做伪装的服饰。

年轻人之所以容易被商业宣传影响的原因，大致不外有两个：一是接受了厂家以“从众性”来操作“没有”就是“落伍”的心理；另一是现代年轻人比过去远离生活实务，于是更容易只看形式而不重视真实的生活功能。记得去年朋友曾带我去看一个有五款实品屋的建案，我以为这只是给顾客参考空间感，过后就会拆掉，后来听说这些样品也是待卖商品。我看到设计师把洗衣机跟烘干机放在一个与更衣室共享的密闭空间，设备看起来虽然五脏俱全，但当烘干机启动时，散热的问题要如何解决？

家饰品的体积和使用意义都与衣服不同，要了解它的存在是长远的，

选择耐看、有兼容性或协调性的颜色或质量都很重要。

越是一时流行的颜色或样式，越是有落伍的可能。

购物之前，要先思考自己的生活方式与生活空间

一个房子只是“看看”，跟“住住”已有太大的差别，更别说是一直住下去的“生活”。我觉得年轻人在第一次布置自己的新家或思考居家购物时，应该有一些想法上的自我厘清：

1. **家具或居家用品的选择，不要太受季节流行或时尚的影响。**越是一时流行的颜色或样式，越是有落伍的可能。这些东西的体积和使用意义都与衣服不同，有时自己看腻了，丢也不是、不丢也不是，反而造成更大的麻烦。因此，选择耐看、有兼容性或协调性的颜色或质量都很重要。总之，要了解它的存在是长远的，而且以今天居住在台湾的多数人的空间来想，我们其实没有条件以季节为时间单位来更换家饰品。

2. **有小小孩的家庭，可以不需要为了孩子而添购太多专属的对象。**孩子成长的速度很快，为了一个短暂期间而购入的物品，日后将变成空间上的负担。父母珍惜孩子的“可爱”是可以了解的心情，但可爱不一定要以“尺寸”的大小来标志，也可以是“气息”“颜色”的。有些父母为了让孩子能参与家事而想把某些工作台降低，这倒大可不必，在正常尺寸的生活空间中想办法完成参与，也是很重要的一项学习。为孩子量身定做的空间其实是没有想象力的，也缺乏真实美感的设想，因为在这样的空间中，其他的人都会不方便。

3. **对自己来说真正重要的设备，可以存够钱了再一次到位，不要用升级式的采买法。**好比烤箱，有些小家庭就拥有三、四台大大小小的烤箱，桌上型、烘烤箱、中型……光是收存就成了问题。小家电最容易引诱人的采购欲，煮蛋要买个机器、松饼一个、三角土司再一个……而事实是，所有的东西虽久久才用一次，却与自己争占生活的地盘，无形中机器已在奴役我们了。所以，不要因为“不贵”就乱买，购物前要先思考自己的生活方式与生活空间再下手。

4. **越是很多人有的东西，越要想一下再买。**大家都希望自己的家有特色，家庭要有自己的特色，对生活就要有足够的主见。这不是一个堆积东西的游戏，而是你了解生活之后的再呈现。你通过空间表达的眼光，也就是你所解读到的生活，因此，无须需套用他人的模式，自在勇敢地表达心中的想法。

回头找一找

运用你的判断与想象，以下的工地原貌，
对应的各是前页中完成装修后的哪个空间区块？

【答案】右图 127页 左上图 129页 右图 左下图 128页右图

EARLY BIRDIE

餐饮空间的装修，是我以最长的经验所酝酿而出的体会。

我但愿不再有那么多的年轻人迷失于开设咖啡馆的美梦，

因为，无论投资其中的金钱是来自父母的赠予或是自己辛勤的储蓄，

它们都应该在正确的决定与勤劳的工作之中，结出更美的果实。

在力所能及内
让生活结出更美的果实 | 空间与实用 |

工作室还在装修的某一天，有位年轻朋友来拜访我，希望我帮她做装修。三年多前，Mary通过一个熟悉朋友的介绍而认识了我，她很喜欢我刚打通改好的新居，也喜欢我在Nook咖啡两星期所做的早餐巡礼，那时她就曾邀我帮她设计一家咖啡厅。

Mary说，开一家小咖啡馆是自己的梦想，而煮咖啡，是她与父亲最美的回忆。只是当时我已决定从台南迁往三峡，书的出版与各种活动还有手中的工作已够我忙碌，实在没有时间可以投入，我只与她交换了一些意见。没有想到，三年之后，她开店的计划虽然没有启动，却也没有放弃。

她再来三峡找我时，我在凌乱的工地跟她解释自己对于空间设计的一些想法，她又一次诚恳地请我南下帮忙。这时我才知道，店租下之后，先前已有朋友替她做过初步的设计并局部施过工，只因双方的合作并不理想，她希望能独力完成自己的梦想。

我答应了她的邀请，但有一个附加的条件：店刚开始营业时，她得接受我所设计的菜色，直到供餐顺利为止。我会负责教她或她的员工把几组料理做好，使料理能完整地与空间的讯息配合。这个初听很“霸道”的条件，其实是出于我的善意和我对“空间与功能”的思考。

开咖啡馆看似优雅，投入其间一定辛苦

当时我已五十岁，过去二十一年的餐饮经验堪称身经百战，也因此对于年轻人投资开咖啡馆的实情远比多数人都更清楚。投入餐饮的年轻人，血本无归的多，筑梦踏实的少，而在当中受挫受骗的人也多半不肯分享历经的痛苦，只是找个不失面子的理由退场。

开咖啡厅是看起来优雅，投入其间好辛苦的工作。除了时间很长，能单以咖啡生存下来的店家实在很少。杂志报章所报道生意或利润多好的例子，千万别太相信，很多都是置入性营销，不一定有参考价值，把特例当常规来看，是创业常有的陷阱。我们只要想想，以前觉得很成功的店，真正存活五年以上的有多少？

Mary告诉我，她之前曾顶过一家咖啡厅做早餐咖啡，所以不想走同样的路，想开一家“有特色的店”。于是，我请她好好地思考过后再前进，并分析了当时顶店给她的这位业主，其实很聪明。他知道当地的市场并没有大到每一区都能设分店，却跨足每一区都开过自己的直营店。一阵子之后，他就把设备与技术整店盘出给想要开咖啡厅的人，而他自己永远只拥有最新、最有特色、最有说法、也是生意最好的一家店。

这么一来，对品牌有忠诚度的人，永远觉得新开的店才是最好又最正宗的；而所有他顶出去的店都是老客户退而求其次时的选择，即使上门消费了，也觉得食物与气氛都不如本店。

这些被顶下的店，生意虽不够好却也不敢自行突破原有的气息与菜单，他们勒怕死放怕飞，这样的进退不得又白白为老店做了活广告，后来有好几家也不得不关门。

其中两个很重要的理由：一是，店的利润真的没有要顶出的人所分析的那么好；二是，去顶的人大多没有足够的餐饮能力，完全依赖于旧的菜单与上一家的技术，连普遍可得的食材也还仰赖他们的供应。

这就是爱做梦的外行人为一家家咖啡馆所囤积的投资。很多店在无人知晓下已换过好几手，如果以市面上大大小小的地点来说，不同经营者所投资于同一个空间的金额，一定远远超过大家的想象。

只想以空间作为特色，一定不是长久之计

餐饮业投资不小、利润不多，所以我总劝有心开店的人不要跟别人合伙，无论是亏欠于人或被人亏欠，都不是好事。很多好友合伙开咖啡厅或餐厅，最后弄到老死不相往来，只剩一本厘不清的

餐厅的产品应该是食物，空间投递的只是这个经营者的生活眼光。
我想勉励年轻人，用行动来说明自己的决心：
要提供早餐就要早起，当一只早起的鸟儿，
为你的顾客做出感动人的食物，唱晨光的赞美诗。

金钱帐与清官难断的情感立场。

我进入餐饮界这二十一年也遇过好多想开餐厅或咖啡厅的朋友跟我说：“让我投资吧！让我圆一圆人生的梦。”我从来都是善意而礼貌地拒绝。我的善意是，绝不想拿别人的资金来冒险，我永远只做能力所及的事。多年来，我是真正把心力用于餐饮工作之上，因此知道餐饮业如果能赚钱，都是靠辛勤工作而来。如果一个人在实务上投入却所得不多，还要分享给只出钱并没有出力的人，我想一定会有不能心甘情愿的时候。这是合伙最常见的问题，既未做到辛劳共担，也没有做到利益共享。

开餐厅或咖啡馆，最容易也最梦幻的阶段总是在桌边坐下来织梦的时候，而那种梦想幻灭得有多快，Mary说她有过经验。我跟她说，既要开店，想做早餐，有两个方向：一要在勤劳上有决心，二要在料理上有突破。再者，餐厅的产品应该是食物，空间投递的只是这个经营者的生活眼光，如果只想以空间作为特色，却不在食物上下功夫，故事就没有续章，一定不是长久之计。

Mary一直强调她有多钟情于提供早餐，为了把她的决心逼迫到没有反悔的余地，店名也是我为她取的——“早起的鸟儿Early Birdie”。我勉励她，用行动来说明自己的决心吧！要提供早餐就要早起，当一只“早起的鸟儿”，为顾客做出感动人的食物，唱晨光的赞美诗。

我一取完店名，小女儿Pony只花了几分钟，也在一张纸上为我画出这个店的商标。一个小时之后，她出门搭机返回美国上学，一切看似急匆匆的决定与完成，其实当中的工作概念，是我以最长的经验所酝酿而出的体会。我但愿不再有那么多的年轻人迷失于开设咖啡馆的美梦，因为，无论投资其中的金钱是来自父母的赠予或是自己辛勤工作的储蓄，它们都应该在正确的决定与勤劳的工作之中，结出更美的果实。

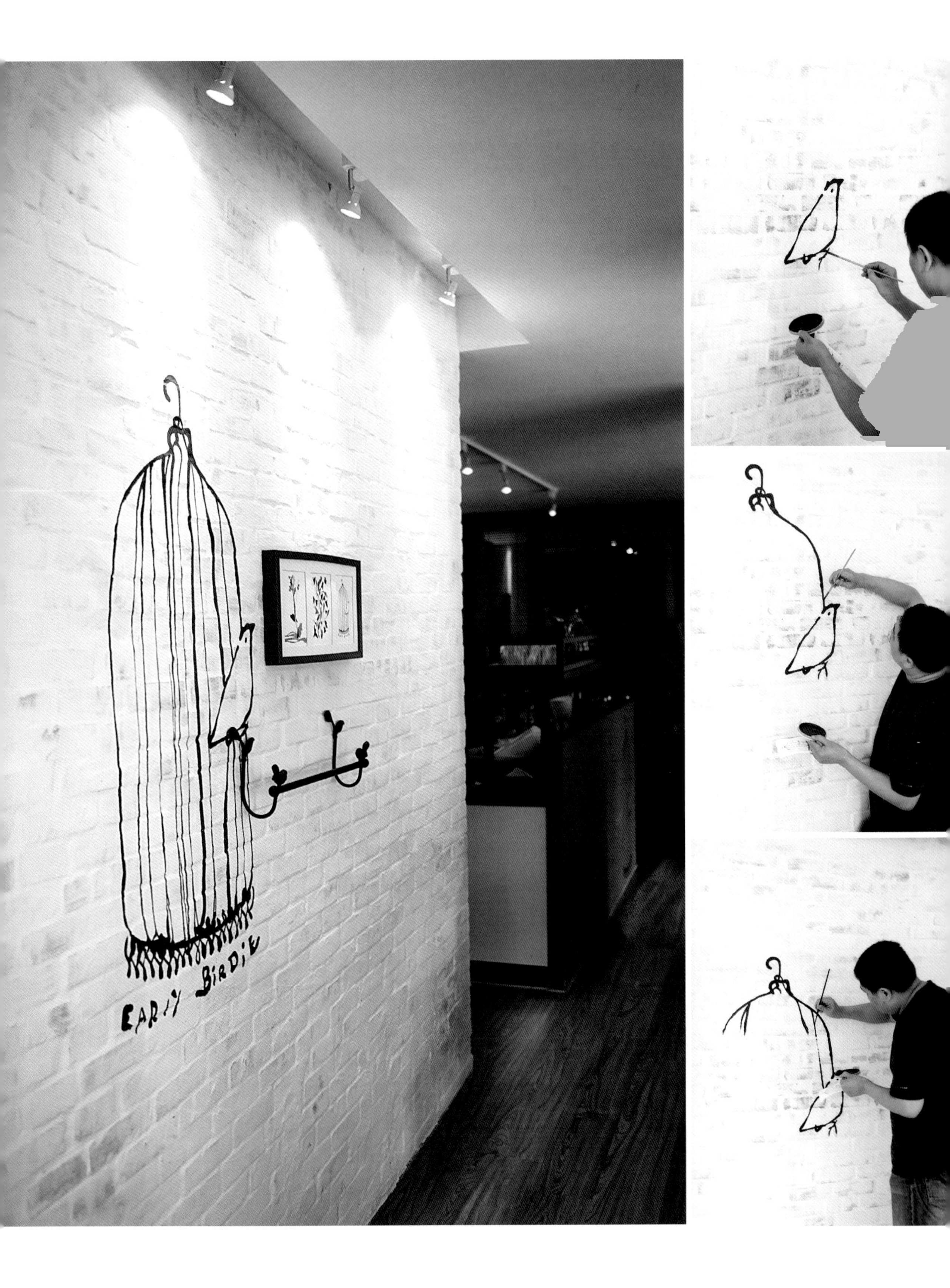
EARLY BIRDIE

对于空间，我们都有种种理想，但理想得面对现实的限制。
餐厅的设计重点比居住空间更需要解决器物的尺寸问题，
以及仿真出动线交迭的功能，不能只在观念上理想化。

留窗引进绿意，让空间融入无边际的校园

第一次到访这个等待改装的空间，最初的印象是：地点与外围的条件很不错，但屋况真是糟糕。

这个屋子以前是个pub，因陋就简，勉强走着嬉皮风，即使先前已拆除了部分隔间，但距离要成为一个功能或质量比较好的店，还有好长的一段路要走。这份从整理中再生新气象的工作，也只能以不超过两个月的时间完成，但我看到了它的一些潜力。比如说，如果更着重外表与整个环境的协调，这个店是有机会很自然地融入无边际的校园，使自己看起来像其中的一分子，而不会格格不入地展现过高的商业性。

站在面对正门的开口，屋子的左侧是以一片小草坪与一条大马路相隔。这真是一个大优点，我想把这个方向的窗户都保留下来，更强调出窗与室内的关系，这样的窗就不会只看到马路上来往的车辆，而会先看到绿意满窗。我还在想，要如何让这些绿意扩大它们的贡献。

留窗固然很重要，但窗里的风景就强求不得。强求而不得美景的状况，屋的右侧就有活生生的例子。站在门口往右边看，原本的一大片矮墙长窗通过一条小巷，接着是隔邻店家的墙与铁窗；如果保持原貌，觉得视线很受迫，也一定要用窗帘遮掩其景，如果筑墙，已经不大的屋子就更封闭。

我还是想把那片窗留下来，但除了景的问题之外还要解决雨水泼洒的问题。Mary希望她的长窗是木头窗，但矮墙已有渗水的现象，屋檐又不够深，如果取材木头，一定无法耐久。最后，我决定用铁件做框与窗架，再用酸蚀与上漆的方式让它接近木头的视觉效果。景的问题则从内部解决，这个窗不用透光玻璃而用镜面玻璃，这样从里面看到的就不是隔邻的铁窗，而是反射出店内的景象与另一侧窗景的绿意。这个决定，算是“借景”吧！但还是要感谢这屋子有景可借的自然条件。

在“小”之中做尽文章，也能让人感觉到延伸

我看过原设计图，如果不是已经去过现场，我不会觉得这样的设计有任何问题，但以我的直觉，这个空间的面积是做不出此等文章的，就好像材料只有这么多，硬要烧成另一道菜是很勉强的。

对于空间，我们都有种种理想，但理想得面对现实条件的限制。餐厅的设计重点比居住空间更需要解决器物的尺寸问题与模拟出动线交叠的功能，不能只在观念上理想化。例如：厕所一定要大、座位要是沙发、厨房要冷热处理分区……这些主张都正确，但一个萝卜一个坑，面积要从哪里来？面积的可用性，还不只是尺寸多少的问题，同时要以动线为基础。至少，我看到这张设计图中只有消费者在享受的空间，而没有供应者在同一个面积使用时的方便。

生活中的某些空间并不需要同时收纳两种使用者的需要，如居家的卧室，虽然可以是寝室兼书房，但并不会在同一个面积之下既有人睡又要架起桌子做功课。但商业空间就往往不是如此，餐饮更是一个“生产”“服务”与“享用”等多重功能交叠的地方，必须做周到的考虑。所以，我觉得最好的做法是先知道自己的餐饮供应有哪些，再设想空间的设计，这样比较不会遗漏该注意的细节。

非常巧的是，这个房子交到我手中的时候，有很多地方还裸露着红砖，一些是原屋打开的痕迹，另一些是增建之后的粗坯，总之，又一个与砖有关的空间把我圈住了，我该如何让这只早起的鸟儿，在校园的边陲自在地鸣唱？

与一般的店面一样，这家店的开口是一字形，建在最外围。大家通常只考虑到内围可用的面积“看起来”有多大，而不管“用起来”真正的方便有多少。我把门面的中央点退缩一个大门的宽度，让出入口从右侧进入，左侧则延伸落地玻璃窗做成隔间，整个左半区因为中央的退而有机会变成一个完整的区。

我也利用厕所的位置再把内外区做另一个区隔，使里间有一个包厢区，这让整个店显得更有趣味一点。因为她小，不可能赢得气派的感觉，但在“小”的当中做尽文章，也许就能使大家不去注意到她所受的限制，而感觉有缭绕的余味。

小空间不可能赢得气派的感觉，
但在“小”的当中做尽文章，
也许就能使大家不去注意到
她所受的限制，
而感觉有缭绕的余味。

这样一来，原本的空间共分为五个区域：两个完整的座位区，一个与开放柜台座位共享的长桌区，一个半开放式的厨房，与一个男女分开的洗手间。虽然空间不大，但我还是想尽办法把男用厕规划出小便斗与蹲式马桶都有的一室，洗手台再外拉到共享的区域。我很满意自己决定的厕所开口，因为不管坐在哪里，客人绝不会面对卫生区域的大门。

可爱的小包厢，透露出家的温和气息

我自己特别喜欢藏在走道另一端，那个可以成为包厢的小空间，虽然只能容纳三张桌子、坐满也顶多十几个人，但因为有一扇大落地门而非常可爱。那扇落地门是“假的”，并不能开，它原本只是一个半截开口，但我不愿意把它做成一个窗户，所以在那片半墙上用铁件做了一道有肚板、对开的假门罩上去，这样一来，原本的墙面都因为这个门而变高大、变修长了。

这个包厢空间很小，应该有一点家的温和，所以窗帘用的是布料；为了与铁件仿木的窗相配，我也选了质地朴素的厚棉布，并从外面种了迷迭香，这样肚板上的那段玻璃就不只看得见远树的绿，还有窗口迷迭香可爱的针状枝叶所辉映的光。

Pony匆匆画下鸟笼返校四个月后再回来，“早起的鸟儿”已经装修完成待命。照片所留，是我带着小米粉与Pony又一次教导工作人员食物料理的方法、并模拟供餐方式的纪念。

在这本书完稿的时候，我为了补拍一点照片又再度拜访Mary，听她亲口说要在四月底把店关了，也已经委托当时

餐饮的商业空间，
是一个生产、服务与享用等多重功能交叠的地方，
必须做周到的考虑。
所以，最好的做法是先知道自己的餐饮供应有哪些，
再设想空间的设计，比较不会遗漏该注意的细节。

负责施作的工班准备全部拆除，要原貌归还房东。这两年间，这家店从来没有以一般店面的方式开放过，但我并不知真正的原因是什么。只能说，早起供应一份特别的餐点曾经是我想把经验赠予年轻人的天真，但这想法并未被实验过就要结束了。我替自己曾经花费于此的心意与时间感到非常失落。如今，那曾经集结了好多人的心力与体力才完成的一窗一物，都将如花开花落，化为乌有。

虽然我知道作为一个空间设计者，除非是为了自己而做的设计，否则所有的梦与挂念都只能停在完工的那一刻，但交给另一个人去续章空间与生活的故事，与要眼见她的完全消失，却是如此不同的心情。

二〇一三年的四月十日，当我在“早起的鸟儿”喝完咖啡起身告别时，忍不住在心里偷偷地哭了。

Thinking and Doing 1

典雅的铸铁招牌，与校园的气质相配

我一直在想着“早起的鸟儿”该用什么样的招牌，才能配得上校园的气质。有一天在高雄到处奔忙的时候，我路过一家杂物零乱的家具店，看到他们的屋檐下挂着一个小小的、灰尘密布的铸铁招牌。虽然它的空白处当时是用不大好看的亮金色底、红字的玻璃贴纸贴了一些字，使我看不出这是不是一个待售的商品，但我知道，我得想办法把它买下。只要我稍做改变，它就会是最适合挂在这家店的招牌。

Thinking and Doing 2

为了修饰而做的装饰，要显得合理而非多余

店的正面有一个大电箱，不能移也不能动，我想了又想，最后决定用一个大鸟笼把它收起来。我认为“美化”的目标，应该是让为了修饰而加的装饰显得很合理，而不是很多余。那么，这家店的名字是“早起的鸟儿”，有个大鸟笼，应该也是个合理的决定吧！

Thinking and Doing 3

镜面玻璃搭配鸟笼图案，勾勒出另一种窗景

镜面玻璃在某一种光线之下还是会透光，无法在一天当中的每个时段都产生完美的反射效果。所以，我从外部贴上一层与整个店的颜色能呼应的玻璃贴纸为底，再用双色的鸟笼图案作为装饰。这样，从另一头巷子来的人也能看到这家店的特色。

Thinking and Doing 4

咖啡馆的桌子，也是空间演出的重点

我对咖啡馆的桌子一直有种期待，所以对这个店的桌子颇费了一些心思。我希望它的桌面有质感有朴素，于是以实木条拼接之后再上漆。桌脚则是用两个方框铁件来固定，这样很稳，桌与桌有需要拼合也很方便。

回头找一找

运用你的判断与想象，以下的工地原貌，

对应的各是前页中完成装修后的哪个空间区块？

【答案】左图 140页 右图 145页

医疗空间的一点小幸福，能带来极大的安慰与战斗力。

我们每一个人，很可能在人生最后的阶段，都要在医院体会生命、进行生活，

医院对于某些生活设施的改善，已经不只是为了正在生病的某些人，

而是为了社会多数人的福利，实在不能唯利是图，应该建立新的看法。

安慰力与安定力　｜空间与安慰｜

还没有装修惠莹的房子前，她就跟我提过她妹妹想把中医诊所搬到已购置一年的店面，也转达了希望我帮忙设计施工的意愿。虽然当时根本不知道能不能再腾出时间待在南部，但是有机会在一个医疗空间投递我对“生活与安慰”的想法，真是一大引诱。

我一直都对台湾大大小小的医疗空间有许多不满。特别在好友惠苹患病、到她离开人世的那三年，只要曾在周末或看诊的时间结束后留在医院，我总会生闷气并质疑：为什么百货公司需要全年无休，而医院却经常如一片死城？为什么街上的美容院一家比一家时髦、设备不断推新，却没有一家医院在病房的楼层中配置洗头台？如果病人需要洗头，用的方法又简陋到让人无法想象。

我的朋友维忠二〇〇七年病逝成功大学医院。爱干净、一直很重视生活质量的他，虽然生病后有三百天都住在VIP楼层，但洗头还是由美容部的人以水管、胶桶、垃圾袋、弯形头垫，将就进行着对病人来说可贵的清洁活动。事实上，医院可以在每个楼层装设一个如美容院一样的洗头台，家属只要把病人用轮椅或推床送到这个地点与洗头台接合，就可以帮患者轻松愉快地洗个头，带给他们更有质量的生活。

不是事情难办使我们畏缩不前，
是我们畏缩不前，使事情难办。
如果医院对于“幸福”没有足够的想象力，
对于病人与照顾者长日漫漫的生活没有体会，
时代进步，改善也永远不会出现。

医院绝对是一个战场，需要生气勃勃的鼓舞

虽然，可以想象如果有机会与院方或诊所对谈，他们一定有很多冠冕堂皇的理由来说明这种改善何以一直没有出现，但我更相信“不是事情难办使我们畏缩不前，是我们畏缩不前，使事情难办”。如果医院对于“幸福”没有足够的想象力，对于病人与照顾者长日漫漫的生活没有体会，时代进步，改善也永远不会出现。

人在健康的时候购物用餐，也不过是快乐之上再加的欢乐，实在不用如此大量供应。但是医疗空间的一点小幸福，却能带来极大的安慰与战斗力。医院绝对是一个战场，需要生气勃勃的鼓舞。而作为现代人，我们每一个人，很可能在人生最后的阶段，都要在医院体会生命、进行生活，这种生活的改善，已经不只是为了正在生病的某些人，而是为了社会多数人的福利。医院对于某些设施，实在不能唯利是图，应该建立新的看法。

有一次我受邀到一家医院去演讲，院方带我去看他们的VIP病房，房内有按摩浴缸、大餐厅、大会议室，一问才知，这是给“身体检查”用的病房。就是类似这样的思维，让我觉得幸福离我们实在很远。

一个人做体检，顶多是三天两夜，何需如此配备。能付很高的价钱到医院体检兼度假，无论如何是直投有钱人心理状态力的生意经，不足以说明一家医院的理念与水平。就如台南有家医院，虽然复制名画到处挂，但诊间拥挤、厕所脏乱、病房墙漆剥落。我带员工去急诊时，

針
川七
玉竹
生白芍
赤芍

觉得在那混乱的环境中，人无法通过形式化的艺术品而得到实质的安慰。人们传言着艺术品位很高的人，不一定就懂生活或了解安慰，而病人需要的正是任何安慰的“实质”。

装修的品位，是否就等同于医疗的质量?

我对医疗空间的想法倒不是只有美化的问题。我曾在几年前因长辈介绍去过高雄的一家牙医诊所，内部的装修很有品位，犹如医生个人的艺术品收藏馆，虽是旧大楼里改装的空间，但一望而知是花了大钱施工的作品。诊所分成好几个专室，曲径通幽，音乐淡淡，这样的空间一次进出，代价不菲。

在这样的诊所看一颗牙，得接受医生对于同业结合的安排，所以病人到处奔忙。我先去同市但不同区的检验所拍整个头部与各分部的X光片，一到就拍，拍完片子跟着我送回医生手中。医生以专业口吻让我知道，这么详细清晰的片子，五千多块真是一点都不贵；而这么精密的检查必然是为了提供一些线索，使我的健康能有改善，因此，我很快就得到两个建议。

一是我得搭飞机到台北某个诊所去做根管治疗，因为主持这家诊所的两位医生，是高雄这位医生的大学同学，他们夫妻的技术实在是好到使我的医生不敢贸然对我进行根管治疗。而这当然都是因为我的运气够好，遇到一位一切以我的健康为中心来考虑的医师。事实上，医生娓娓道来时已为我说明，只有很少数的医生才会为病人做这么真诚的建议，要不然，根管治疗的钱，为什么要拱手让人来赚呢?但这还只是这位医生仁心仁术的一半，第二个处方更是贴心，既照顾我的身体，更担心我的心灵。

根据我的头部X光片看来，我有睡觉咬牙的习惯，这反映了我工作太忙，心中有很大的压力，由不得我不承认。因为脸颊肌肉会透露更多的真相，而这压力有多可怕，可不是以我的知识能了解的，但没关系，医生关心我，所以既然都要去一趟台北了，他乐意推荐我去见一位极好的心理医师，也是跟他同一个大学毕业的好友。从身体改善咬牙的问题只是治标，心病实需心药医，我应该长期有个心理医师的协助与陪伴，健康才会更好。

医师利落地在便条纸上写下我该造访的去处，等我跟两位医生会面后，他会与他们会诊，再继续治疗我的牙齿。也就是说，有好长一段时间，我得南北奔走。医师中英文掺杂，字迹如行云流水，熟练优美。就在他下笔的当刻，我确定了他是一位信仰坚定的青年，正以满腔热血为自己的宗教布道，只可怕的是，这个四十岁不到的青年，选择了相信金钱无边的魅力。

能以责任为念并坚定执行的空间，安慰感就能自然流露

医院在人们病急、身体有难时接受我们，施予身体和精神上的治疗与安慰，是同为人类但不同专业的人，对造化的残酷与仁慈进行共同体会的空间。学校则是以共有知识与经验的传承为共同目标，提供团体生活的空间；在学校中，“教不严，师之惰”的世代义务感架构其间，年年代代累积出稳静的美。法院则是正义与公平在人类相处失衡时，以超越个人的角度来帮助人们更安全、和谐相处的空间。

这三个空间都是以人类社会向往的、无私的“责任”为根本精神，因此，如果能把这份责任深刻考虑并坚定执行的空间，安慰感自然就会从中流露，绝对无法掩盖。我曾在布鲁塞尔街上行走时被法院吸引，那空间的美，使我相信正义的可能。

我心目中最好的医院诊所出现在童年，即使当时医药与物质都远不如今天，但她所带来的安慰力与安定力，却是之后任何一个医疗空间无可比美的。我只见过更大、更新、花样更多的医院诊所，却不再见到，仁慈、抚慰、关怀自然散发的治病之地。

我经常回想，为什么当我还是孩子的时候，对隔邻那由修女主持的医院就已如此倾心？我老是在扫院子时偷偷盯着医院的窗细细地看，看修女忙碌的身影快速却沉稳地从窗口出现又隐没，远远就可以感受到忙碌却不慌张的力量。整个建筑是以水泥与小白碎石磨造的，朴素、干净、简单；动静其间的修女们也都穿着深浅灰色的长袍、罩帽，奇妙地与建筑融为一体。雪白的围裙使修女服与世隔绝的神圣之感多了亲和，使人们知道她们是在服务病痛疾苦。

我去过诊疗室上药，总共只感觉到四种颜色：白色、灰色、木头色与大大小小装着各种药品的广口玻璃瓶，连瓶中的药也是朴素的，颜色与今日大有不同。这些简单的器物，带来

当我们感受到室内装修的效果时，有时这已是紧紧依附在建筑条件上的表现。
因此，建筑系的学生如果对室内设计有更多了解，
是否对建筑物所提供的基本条件更能产生自然的敏感与关怀，
把更好的居住设想安置于建筑阶段，而不必在装修时大动花费。

医者，意也，这是在医生的一方；
那么，也许在患者的一方，我们希望的是医者，依也，
无论空间的安慰感或医生的品格，都能让人有所信赖。
我希望所有的医师能更珍惜病人对他们的信赖，
不把空间的舒适当成是一定要回收的投资，
而是当成自己对生命或生活的一种主张或观点。

一种接近生活质地的安心感与奋斗感。没有杂物，反映出医疗空间高清洁感与极其严肃的一面，但医疗人员的专心、投入与轻声言语，却在医疗动作的严谨纪律中补足了人心所需要的温柔与安慰。连弥漫在空间中的气味都是非常能镇定人心的。空气流通，消毒水带来干净、健康的权威气息，是一般空间不会出现的。诊疗室以一侧面对走廊相通，而走廊之外就是中庭，自然光斜照在廊上的细磨石子地，反照的光，带给人极大的安慰。

历史感与老气派，使望、闻、问、切有了不同感受

我决定要帮惠君装修诊所之后，曾跟她好好讨论这几年来，她使用现有空间所出现的问题，以及最希望改善的状况。我也以患者的身份挂了号就诊，实际了解看诊的过程。我挂号时特地选择病患较多的时段，以便了解问诊之外的治疗如何进行，进行时时间、空间与医护工作之间的协调可有问题。我也多次进入药房去看配药的流程与收纳药品的状况，又与惠君讨论观察所得的细节。

在此之前，我从不曾看过中医，为了对现今的中医医疗方式有更多了解，我因此而去了几家不同城市的小型中医诊所，也去了规模比较大、附属在医院内的中医部门。经过比较，我发现所有空间都大同小异。倒是这段期间，我因事去了一趟大连，车过市区时，看到了一家中医院，隔天早上就找了去，也不只是参观，还实地挂号给医生看看。

我觉得这样的中医院是绝不可能出现在台湾的，因为建筑本身的条件大不相同。她的好，根源于建筑的条件，即使用同样的内部装修去复制一份，也无法达到同样的效果。当我们感受到室内装修的效果时，有时这已是紧紧依附在建筑条件之上的表现。我经常在想，为什么建筑系的第一年不先读室内设计，而“都市计划”这主题庞大的科系，又为什么不是读过某些专业科系的学生作为深造的学部。如果建筑系的学生有更多室内设计的钻研经验，是否就更能对建筑物所提供的居住条件产生自然的敏感与关怀，把更好的设想安置于建筑阶段，而不必在装修时大动花费。

这个中医诊所一进门就是深、宽、高的厅堂，深度的后半段有开放式半楼。虽然面积大，但没有太多装饰，所有的家具与药柜都是没有再上色漆的实木，非常安稳，却不沉重。柜子的做法很大方，做工很细致，我觉得整个空间成功地隐隐道出中医的历史感，而那种历史感，也就带给人一种温和的信赖感。这厅的采光非常好，两侧各放一组中式座椅，椅旁用大缸养着树，树下挂着画眉鸟，鸟的鸣声时不时划破这大空间中的一片宁静，让人想起欧阳修的诗。

我很喜欢那药柜的壮观美丽，不过，最让我感觉震撼的是医生的诊间，那种宽大与朴实，真是一种老气派。连医师的态度都很气派——是气派而不是傲慢，他们的用语、开方的用纸与字迹，都非常儒雅。这医院的器物与气氛，成功地激发出我对中医的想象，那望、闻、问、切在这样的空间中进行，也就产生了不同的心理反应。医者，意也，这是在医生的一方；那么，也许在患者的一方，我们希望的是医者，依也，无论空间的安慰感或医生的品格，都能让人有所信赖。

四道长窗与扶疏的植物，让针灸室明亮安适

在中医的治疗里，针灸是很重要的一个项目，但一般旧诊所的针灸室非常拥挤，用品的安排也不理想。而且，惠君原来的针灸室并没有洗手台，虽然诊所不小，但诊间很狭窄，我看到多数的空间，都浪费在没有实际贡献的交界之处。看过旧的地方之后，我到新的空间去思考如何把所有的功能重新配置出来，希望新的配置除了要解决旧有的问题，也能突破眼前这栋只有前后采光通风的长形透天屋的建筑缺点。

首先要建立门面，定出整套诊疗的动线。第一阶段的工作就是把先前并不复杂的旧物拆除。狭长的房子在空屋时，因为功能性的隔间还没有出现，通风与光照虽不完美，但还看不到隔间真正出现后的问题。为了要利用到长条屋后段的面积，这种房子一定要在已经有限的宽度中再让出一条走道；不只如此，楼梯因为横拦在中段，用法上深受限制。

我发现这个屋子的后半部有一小段其实是阳台，但上一任屋主把它用铁皮加盖，变成一个室内空间。这一盖虽盖出比较大的室内面积，但也拦掉了后面通风与采光的条件。我爬上二楼仔细察看，又借看隔壁没有加盖的情况，如果惠君同意，我想掀开铁皮顶，把针灸室放在后区使它完全独立，并利用重起的墙面来留出长窗，让必须拉起帘幕的一张张床，不必像旧处那样幽闭恐怖。

我的设想是，患者躺下时，可以看到窗外的绿意；帘幕如果拉开，整个空见的横向尽处也不是一片墙，而是四道长窗与窗外扶疏的植物（当然，得好好照顾才会有花香鸟语）。为了窗外的植物不要衬在呆板的二丁挂墙上，我又在每棵植物后面加了一面长镜，尽量让无法处理的建材不要太抢眼。

水电管线也做了很大的调整，因为针灸室一定要有独立的大水槽与平台来做洗刷与消毒的工作，医师诊间也要有洗手台才方便。另外，我也从厕所再拉一个水管出来，准备在洗手间外加装一个洗手台，让病患不用进洗手间就可以清洁。

桂枝
川七
玉竹
内經圖

在工作的方便之外，也更添温柔的生趣

挂号处、药房与诊间要如何既有分区之感又能相连，使医师与护士之间有密切的支持，还有科学中药的收存与传统药材的使用比例，也是我一再在现场观察后，再置于新空间的考虑。但一切的一切，都还不只是方便就好，我真希望这个诊所还能有一点更温柔的生趣、有一点书香的感觉，毕竟，主掌其间的是一个女医师。

在旧诊所，惠君告诉我哪些设备不带过去，哪些要留。有一张挂在墙上的滚动条，惠君说不要了，因为太旧又太脏，我说让我带走吧！重裱过，应该会适合挂在新地方。还好带走了，我为它在左右各加配一面镜子，使新候诊室的大墙有了很好的接连。

认识诊所的护士后，我非常想改变她们对工作空间的使用观念、对物品的收存取用习惯，毕竟，空间最后的质量总是由用户来决定。尤其是塑料开始出现在这个世界之后，空间时时受到用品颜色质地的威胁，有时候只是一两样小东西，也会让整个气氛遭受破坏。

例如：科学中药的瓶子都是颜色鲜艳的塑料瓶，不是艳黄底鲜绿字、就是亮蓝瓶盖白瓶身。那好几百个争着出来亮相的瓶子，是我最烦恼的，我要把它藏在医生与护士能方便取用，但对整个空间影响最小的地方。所以，我把药房的门开在最右边，以一个 L 转弯双开口来连接挂号室与诊间，这样医师或护士进出都方便，但患者只有站在一个极不可能的角度才会看到它们。

惠君告诉我她的看诊时间，并说明她需要在二楼设置一个休息室，只要功能简单就好。我想了又想、看了又看，觉得再简单也不能没有个里外，所以，我把二楼的宽度整个四等分，最旁的两边做成功大学柜子，可以收纳备品，又做了两片与柜子等大的拉门。当拉门完全拉开的时候，看不到门的存在，只觉得有个内外；如果拉门关起来，即使护士上楼用餐或整理备品，医师还是可以保有隐私地安心休息。

能装修这个诊所，于我，不只是一次新的尝试，也贯彻了我对于空间应有安慰力的想法。我也希望所有的医师能更珍惜病人对他们的信赖，不把空间的舒适当成是一定要回收的投资，而是当成自己对生命或生活的一种主张或观点。

Thinking and Doing 1

拉帘、床套在功能之外，也可以赋予更多美感

我对工地所有细节的掌握都很清楚，那几个月来来回回于南部与台北时，有许多东西都已在订制了。例如，这些床套与隔间拉帘，在诊所还没有完全装修好之前，即已做好备用。医疗用的隔间拉帘可以买到现成的，但都不是很好看，所以我问了惠君，拉帘除了隔开，是否还有其他需要注意的功能，然后以所有需要的条件为基础去寻找新的替代品。

Thinking and Doing 2

更像家具的机器置放柜，增加了医疗的生活感

床与床之间的机器在原来的诊所是放在一个定做的架子上，很笨重呆板。我想医疗本是非常生活感的，取得医师的同意，我把它换掉了，更像家具的置放柜，使机器不再那么“机器”，多了一点亲切感。

Thinking and Doing 3
古意的洗手台，与中医的印象相得益彰

我希望医师的洗手台可以配合中医的印象与医师本身的气质，所以特地去找了一个旧式的洗面挂架，又配上一个陶盆。虽然出水与进水部分都得再花心思解决，但做好之后，看着是美的，心里很高兴。

Thinking and Doing 4
选择非传统的瓶柜存放药材，典雅而不失实用

一般诊所的传统中药材都放在制式的中药柜，但惠君跟我说，他们其实非常少去开柜子，在原来的诊所中，柜中的药材也出现了长小虫的状况。我问她介不介意只以小量放在配药处，其余冰在冰箱中，如果这是一个解决的办法，我们就可以有另一种更美的呈现。

我请医师开出所有用到的中药材名称，选了一个彩度较低的棕灰色，麻烦我的朋友曾庆瑜帮我割贴药名在我所找到的柜子与玻璃瓶上。这些用品、柜子都不是中医诊所传统的用物，但也并未脱离应有的典雅气氛。

回头找一找

运用你的判断与想象，以下的工地原貌，

对应的各是前页中完成装修后的哪个空间区块？

【答案】上图 163页 下图 164页 右下图

12:20
4:20
8:20
140 110
60
2:40
6:50
11:00
110 110
60

在营业场所进行装修，规划预算不能只看到花费的部分，
还要把施工期的营运损失也纳入考虑。
于是，时间的掌握牵动着我对预算的想法，
后来，这份认识也转化成我做任何事情都会把时间成本考虑在内的生活概念。

掌握预算的最好方法，是设想周全

| 预算的演变 |

装修电影院，原来是这么“特别”的经验！

如果要从台湾社会中选出从业人数最少的一种行业，不知道哪一行会胜出！不过，以我所知，台湾几十年来电影院的业主确实不多，再加上一个业主常常同时拥有几家同一城市或跨乡镇的电影院，这就使得算得上这个行业的经营者为数更少了。非常巧的是，我的家族中有亲戚经营电影院，这位就住在我老家对面的堂婶觉得我很乖，十八岁就安排了一场隆重的相亲，把我介绍给专门安排影片上映的先生家。过了六年之后，我嫁进这少数行业的族群，夫家当时在南部也拥有几家电影院。

我不只嫁进电影业里当了长媳，还在一九九五年组工班整修过电影院。也许因为身在其中，反而不觉得这是一份多么奇特的际遇，但过了十几年后，当电影院的空间都成了一种特定样板、全世界的电影院都长得一样，完全不用再“设计”时，我这才了解自己曾有过

的经验，是多么地“特别”！

虽然我与电影可以如此亲近，却始终没有因为随手可得的优势，而把电影看成普通的娱乐。记得新婚那两年，我跟先生也是久久才看一次电影，每次约好要到自己家的电影院看一场电影，总是觉得很兴奋、很期待！后来有了女儿，我们也会偶尔在宝宝睡后去看一部晚场的片子，为了怕女儿醒来哭着，还用无线电监控着家里的讯息。

往后几年，我们搬离电影院所在的西区，我更少看电影了。生活很忙，我几乎忘了家里有很多电影可看，即使最多的时候有七个厅可供选择，但我们并没有常常进出电影院。唯一的一次，我真正感觉到家里拥有电影院与其他观众的不同，是一家四口兴高采烈地去看迪士尼的动画片《变身国王》，影片开始后以普通话配音，孩子们很失望，刚好电影公司寄来了两种语言版本，于是爸爸安慰着两个女儿说：“我们下一场再看，爸爸让机师换成原声。”

公公很早就开始从事与电影相关的工作，也曾投资拍片。有一次先生跟我说，他也算是“小童星”，我于是笑问他演了哪部戏、又演过哪些角色，他说：“在路边吃碗粿的小孩。”我听后大笑，原来，父亲投资拍的片子也只不过能让他当个路人甲，如果连这点关系都没有，大概是连背影也要被剪掉了。

公公到南部开设电影院是二十世纪六十年代之后的事了，在此之前，他也帮各乡镇多数的电影院安排上演的片子。先生跟我说过一个很可爱的小故事，说他小学曾在日记上写道：“我做完功课后上楼去‘看电影’。”老师批改时帮他划掉，改成“看电视”。他是个沉默寡言又执着的孩子，下一次又写“看电影”，老师又再划掉，心想这平时乖乖的孩子怎么就是改不了这简单的错误。老师哪想得到，他真的是去家里楼上的试片室“看电影”，而不是看电视。

扎实的学习，建立了我对预算最诚恳的观念

我嫁到夫家的时候，统一戏院已经营二十几年了，这个占地200坪、座位数将近600的空间，在人潮进出间历经磨损却一直没有做过大整修，跟所有终年无休的营业场地一样，谈

不上深入的保养维护。二十世纪八十年代末期，电影市场的供应与需求有了一些变化，为了能使档期灵活上下，这里分隔成两个近300人的中型影厅。那时，公公已买下中国城戏院，占地800坪的中国城有一个800座席的大厅和近200座席的小厅。这两家电影院相去不到两百米，对观众来说还算方便，所以，这1600个座位以四个厅别的灵活调动，运作得非常有效率，每个假日几乎都有数千人在使用这些空间。

虽然嫁入夫家后，我不曾参与过电影院的实际营运，早早就跑去开自己的小餐厅，但公公婆婆还是非常善待我这个不怎么帮夫的媳妇，所以，当一九九五年统一要更新座席设备与翻修大厅时，他们决定把这个重责大任交给我。

平时不多言语的公公，是非常会鼓励孩子的父亲。我持家做事，受爸爸称赞时我很高兴；我做菜他说好吃，我也绝不会怀疑他只是在鼓励我，而是相信他真的好喜欢。成为他的媳妇二十七年，我对爸爸称赞人的方式还是感到迷惑，明明就是这么简单，却有着使晚辈信赖的力量。那年，当爸爸要我去负责统一的整修时，他一如往常，用真诚的语气对家人和我说："Bubu的装修绝不会输给设计师的！"于是我满怀信心，在先生的帮助下速战速决地达成任务。这几乎可说是不眠不休的一个月，完成了我在装修上最难得的学习——掌握预算。

在营业场所进行装修，预算所涉及的金钱不能只看到花费的部分，还要把施工期的营运损失也纳入考虑。于是，时间的掌握牵动着我对预算的想法，后来，这份认识也转化成我做任何事情都会把时间成本考虑在内的生活概念。比如说，当我在教学的时候，学生的时间就是我最珍惜的一份资源，它象征着我最重视的学习成本。

如果单从装修的工作实践上来看，当时这份扎实的学习也建立了我对于预算最诚恳的观念。直到现在，我还是把一个空间所承受的总花费看得非常重要，无论它是来自哪一方的心力与金钱，只要有任何浪费，就是预算的掌握不良。

准确掌握预算的最好方法，就是"设想周全"

在过去娱乐活动还很少的年代，电影院是许多人假日的休闲聚集地。我们的电影院一年

我们的电影院在一九九五年开始发展自己的计算机售票系统。一位随妻子回台任教的美国软件设计师给了我先生很大的帮助。

过去人工售票有很多问题，因为厅别很多、时间又复杂，无法在这项工作上节省人力，而结账上常出现的错误在计算机化之后也有很大的改善，票房因此可以不再零乱。我觉得售票处的气氛很重要，毕竟，她是观众与电影院接触的第一个空间。

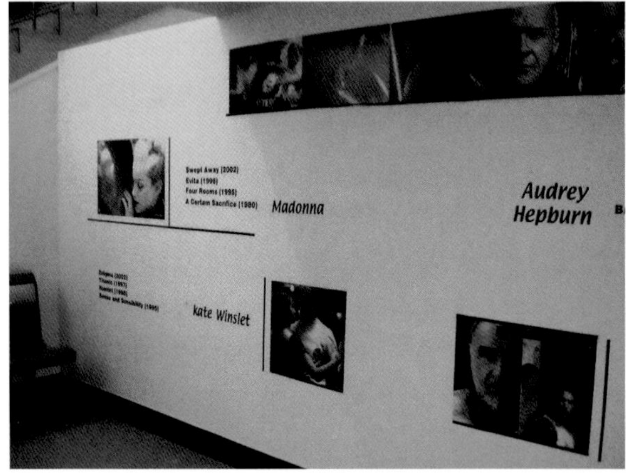

整栋“中国城”是由李祖元先生负责建筑，电影院的空间规划也是他初始就已完成，公公而后才购得的。李先生在厅与厅之间安排了许多开放空间，我研究观众的动线后，把廊道或楼梯间的小转折都做成海报区，有些是无须变动的电影印象，有些是可随影片上下替换的海报讯息。

只会在除夕下午休息两场（大约五个小时），在这段短短的时间，员工勉强能够回家中围炉，晚上就得回来开始工作。虽然公公完全没有给我任何时间压力与预算限制，但一要动手筹备这项当时对我来说很庞大的任务，我已经想到要先了解电影院的收入状况，并把这项“收入损失”视为总预算的一部分，而后我就更清楚自己对施工进度的掌握有多重要。

如果单以花费来说，想要准确掌握预算的最好方法就是设想周全。“追加”与“修改”是过去超出预算最常见的两个“有形”问题，但是这几年，工班的效率也成了超支“无形”的影响；在两种因素的交互影响之下，装修的成本不断提高。

追加不一定都是为了“好还要更好”所做的增工，常见的状况还有事先“没想到”或“想错了”，而在事后为顺利联结所作出的补救。修改也有两种情况，一是完工后觉得美感效果不够的改善；另一种是功能出了问题必定需要的重做。如果只是不够美，那还属于个人观点、可改可不改的预算追加；要是功能不对，就千万不能忽略未来的不便，一定要痛定思痛整顿。我听过一个很好玩，但也值得借鉴的例子。前不久，有位朋友跟我说起亲戚家孩子的房间有个特别的设计：为了节省空间，设计师装了一个白天收起、晚上放下的床，问题是，当床放下时，四周的衣柜就无法打开了。类似这样的情状，是因为空间的重叠没有被列入计算，无论谁付钱来重做，总之是一份本可不必的付出，一项值得珍惜的成本。

在我负责电影院装修那年，虽然还算年轻，各方面的经验也不算非常丰富，但因为珍惜的观念支持其中，我从时间、物力与思考三方面同时检视，对于预算的操作可说是非常准确。

空间的更迭演变，诉说着家族成长的故事

这一场负责木工施作的师傅，就是帮我装修跃层住家的李先生。第一次合作时，李先生大约五十几岁，因为学艺很早，当时已是技术纯熟的老师傅，他的做工很老派，用料也很细心，但因为一直都接做小型住家的装修，对于领人做这样一个大场，其实是很紧张、也有点适应不良的感觉。

这并不是李先生第二次与我合作，在住家装修与统一戏院的整修之间，我们还一起做过一

个河边公寓与我的第二个餐厅。我很喜欢他执着于工作，对身边师傅不言而教的领导方式，可惜的是，在这场装修中，他一改过去坚守在一份工作上的身教作风，让自己成为一个只监督而不参与进度的角色，结果我看到了一个心情紧张、身影团团转的领头，每天只负责点点送来的材料、对工作生气，现场的氛围变得非常战战兢兢。李先生后来累病了，但工班在这一场的表现，其实远不如我们过去一起同工的时候。

在拆除统一的大厅时，我从原本被覆盖起来的建筑中看到了一些有趣的结构，很纳闷为什么有些建造完全不符合电影院空间的需要，这些设计当初又是为了什么而存在的？我问了先生，他告诉我以前统一是冰宫，现在一楼的座席是以前的溜冰场，楼上是挑空的看台，外面有租借溜冰鞋的柜台和贩卖饮料点心的地方。但当时他太小，对其中的细节语焉不详，我于是去请教公公婆婆，这才了解他们创业起家的过程。冰宫对我来说是很陌生的地方，因为我在台东的乡下长大，虽然十二岁就到台北上学，但生活总是环绕着家庭，根本不知道社会大众哪一个阶段在流行哪一种娱乐活动。我无法相信自己正在动工的空间曾是一个冰宫，那地表利用电动装置凝固的冰层与在冰上回舞的群众，离我的想象好远、好远！

时代的进步中，也让人缅怀技术的失落

不只是冰宫，装修电影院更有许多家庭空间或一般商业空间绝不会遇到的经验。比如说，很少人知道，过去电影院里那一块“银幕”，是真正要定期请专业人员来喷上银粉的，喷上银粉的布幕才能让放出来的影像色彩饱和、光泽鲜明。还记得那次喷银幕时，我觉得很兴奋，像个孩子一样观看着这千载难逢的工作情景。当时并不知道，时间才过几年，新的产品就出现了，银幕也不再需要喷粉了，而机器的进步更带来机房生态的改变，使得某些名词永远消失在这个行业中，例如：跑片、回片、接片。

当同时有两个空间要放映同一部片子，只要把放映的时间调整到足够把分段的片子卷回去并运送到达、上机器就可行了，所以，有一种工作是专门在电影院接应放过的影片分段，送往下一个要放映的地方。当然，这其中如果发生任何事故就会非常狼狈，最怕的是出了车祸或不小心让影片散落一地。另外也有一些尴尬的情况，比如机师拿错影片卷数给跑

统一拆除前，我并不知道天花板有那么高，也不知道眼前所见的塑料地板之下是如此完好的大理石。我决定要尽可能留住高度来增加大厅的气势。那片质地很好的地板也是我不想舍弃的，对公共空间来说，石材是理想的选择，没有接缝，又永远都能打磨到非常清洁光亮。而我的功课是如何留住它的“古典”，却不要让人觉得用旧地板是“过时”的。

电影院因为都是现金收入，所以营业的款项会由银行派员来收，结账后的点款与开保险箱这些工作，对会计小姐来说其实承担着很大的压力。我建议先生不要把会计小姐的办公室放在太隐秘的地方，移出后的小办公室不只感觉比较安全，大家处理杂务也方便许多，而内区的办公室就不用接待一般的业务往来。

片的人，于是在下一家电影院接上时，就等于是跳过剧情来演，一直要等到追回正确的卷数，才能再迅速更换回去。有一次的确发生这样的状况，我们的员工等着观众出场骂人，没想到观众很可爱也可能是剧情太深奥，他们以为那是一种“倒叙”的拍法，竟一点都不觉得奇怪。

头一次进机房看机师操作影片的放映时，我对于他们的工作感到很惊奇。原来影片寄来时，为了运送方便，都已剪成好几段、捆成较小的片卷，机师得巡片、用溶剂或透明胶带接片，再用机器卷成功大学卷。把片卷挂上机器也是非常吃重的工作，但先生说，那离他小时候所知道的，还是烧碳棒而非灯泡投射的时代已大不相同，过去的机房是很热、机器声很嘈杂的，但喜欢放电影的人却从不以此为苦。

电影院从一定要两个人照顾一台机器、轮流烧着碳棒的时代，一路走到一个工读生就可以照顾所有机器的今天。我们在小小的世界中看到了时代的进步，也在进步中缅怀技术的失落。有些老机师因为终身都与机器为伍，对胶卷与光线投射的情感很深，于是宁愿在野台戏的放映中寻找自己安身立命的生活。

整修统一，的确比原本专业公司评估的花费省了好几百万，其后的几年间，我也陆续又帮忙把中国城的几个厅都整修过。每多一次经验，我就能借着工作的机会多了解一点原本不清楚的相关事务。我认识先生时，他们的家庭很温馨美满，公公婆婆虽不是奢华的人，但物质生活非常丰富有质感，我完全没能猜想到公公是一个年幼失怙，与哥哥一起努力，照顾母亲与弟妹，真正白手起家的人。因为打开统一而看到了建筑的问题，也因为我是一个对于家庭的成长故事充满好奇的人，才从公婆口中知道许多先生也不知道的故事。在婆婆已过世十二年的今天，回想起那些与她一起散步或闲聊时挖掘出来的家族小史，使我感念生命的奇遇，更感念父母亲在我们那么年轻时，就给予我们这么深的信任，用家庭责任磨炼我们的能力。

Stories and Memories 1

台湾人看电影的共同记忆

在早年，“广告牌”是电影院宣传与预告影片最重要的地方，而且当时不像今天都是直接放大输出海报来张贴，而是由技术人员手绘在分块的帆布上再拼出全貌。照片中每一部电影的广告牌，都是由六大片180厘米边长的正方形拼接而成。“阿发”（颜振发）很可能是台湾最后一个画电影广告牌的画师，统一戏院那片骑楼，常常就是他作画的地方。

Stories and Memories 2

人与机器的相倚之情

我们电影院的机师苏繁夫先生，是一位非常有技术、更热爱放映机的老师傅。以下的几段话是我从他接受采访的片段中截取出来的，通过他的回忆，为电影空间与观众、机师与他们的工作，留下了可贵的资料。这是一去永不复返的时代，照片定格了电影放映的手工之艺、人与机器的相倚之情。

“统一上演《法柜奇兵》的时候，从早上挤到晚上，整整挤了两个月，还带动周边的商机。以前看电影都需要寄车，到处挤满了车，排队的人都排到对面的友爱街里了，再从友爱街绕一圈出来。”

下面这张报纸刊登的是《夺宝奇兵》上演最后一天的广告，很有意思地透露了某些讯息：统一是台南第一家拥有杜比音响的电影院，平常日一天上演五场（“最后一天”通常是周五，每逢周六上新片），票价是60元。

“我从小在戏院长大，有人听起来觉得很怪，问我是在戏院出生吗？因为我爸爸是电影院的员工，戏院里有宿舍，我就是在那里生的。我一直到当兵之前都没有工作过，当兵回来就跟爸爸放电影，一直放到老。”

（图片来源：昆山科技大学视讯传播设计系第七届影展）

我对生活的了解与体悟，是功能与形式达到完整的协调。
当食物与空间叠合，料理成为地理物产、生活历史的文化载体，
而这种认知又不能关在自己家中的餐厅或厨房得到真正的满足时，
它的能量就一定会爆发成一股经营餐厅的力量。

展现饮食生活的剧场 | 餐厅与我 |

开餐厅，让我能展现饮食生活的剧场效果

以女性来说，我是一个吃得很少、不挑嘴，面对食物也很容易满足的人。这样的人要对他人大谈餐饮梦，会不会缺少说服力？然而，如果不是真正的热情，我大概不会在这个领域盘桓了二十一年之久；也不会在停歇了近四年之后，又将以另一种方式继续这魂牵梦萦的厨房与餐桌剧场。

爸妈曾对我流连忘返于餐饮工作而感到非常心疼，但再不乐意，我做下这份决定时毕竟已是一个成年人了，一向讲究尊重的父母，只在怜惜我的同时，又尽力地帮助我。我五十岁的时候，母亲很感叹地说："Bubu对自己的兴趣的确是坚持的，二十几年来无论有多少创造或改变，都不离开自己选择的范围。"因此，有人说我是因为兴趣而"乐此不疲"。我想，去做有兴趣的事并不是不会疲倦的保证，乐此不疲其实是：疲倦之后还想、也一定要继续的心情。

有人说我是因为兴趣而对餐饮“乐此不疲”，
我想，去做有兴趣的事并不是不会疲倦的保证，
乐此不疲其实是：
疲倦之后还想、也一定要继续的心情。

我认为自己能够吃苦耐劳把餐厅开下来，是因为有三种力量的支持：

一是童年家家酒的游戏心一直未了。

二是我在心中对社会的饮食提供有一些不满，但批评并不是真正的贡献，我试着把不喜欢的心转化成积极的力量，觉得自己如果想骂人，就该有能力改善。所以，闭起嘴、动手做就是这二十几年来不断尝试与努力的成绩。

但我爱开餐厅的第三个理由，才是跟这本书的主题有真正的相关：我对空间的情感。开餐厅完成了我对饮食剧场的展现。

我对生活的了解与体悟，是功能与形式达到完整的协调。当食物与空间叠合，料理成为地理物产、生活历史的文化载体，而这种认知又不能关在自己家中的餐厅或厨房得到真正的满足时，它的能量就一定会爆发成一股经营餐厅的力量。好像只有去经营餐厅，才能实现我对生活饮食美所感受到的广泛性，才能证明我对饮食文化的理解，与善尽自己成为散播者的责任。

“小吵小闹”的餐饮梦，保留住底蕴足够的生活文化

我曾经开过的餐厅细数起来竟有八家，这其中的每一次，都是我用行动表达自己对于料理与生活联结的想法，它们也在二十

一年中接力了我的餐饮梦。

1986年 B. B. HOUSE

1987年 巧立儿童餐厅

1990年 味自慢

1991年 成功大学医院简易餐厅

1996年 轻食味自慢

2001年 茴香子印度餐厅

2003年 公羽家

2008年 Bitbit Café

在这本书付梓时，我筹备的生活空间“静静母亲”应该已经开始启用了。对于五十三岁、已尽了人生大部分责任的我来说，这看来颇大的一个举动，是我所有餐饮梦中最恬适的一个希望。我将要在这个静僻的小区角落，通过在厨房的努力耕读，找回童年时我对食物的了解——食物会带给人身体与心灵需要的能量、满足与快乐。

在开餐厅的二十一年中，过程虽然辛苦，但如果以营运或通过工作所得到的名誉来说，成绩是顺利可喜的。这其中没有秘密，只因我自己是技术者，也永远愿意与员工一起流汗劳累。

虽然就如今商业操作当道的社会价值观而言，我的餐饮梦想简直就是“小打小闹”，不足以观，但我认为，一个社会如果要保

留住底蕴足够的生活文化，像我所经营这种规模小、自我督促力强、有自己主见的餐饮业者，会是有贡献的族群。否则，大规模的餐饮集团一扫，不止一个区、一个城市，甚至一个国家的生活文化，很快就会被同质化了。地球村带来的不只是正面的相亲相近，也带来乏味与无以为继的文化断层。

商业的威力确实能在无形之间就毁灭掉积存了好几个世代的生活气息，这份威力正进行着它的全球化，使我们无论食衣住行都奉行着同一种从众性。如今在上海，很难吃到正统本帮菜；在台湾，台菜是为日本旅客发展的餐饮路线，与一般大众的生活失去紧密的供应联系，而台湾的餐饮业等于在为日本料理做次一级的推广运动。去澳门的街巷里弄转转，见不到葡萄牙殖民的遗风，却看到南台湾的“周氏虾卷”大排长龙，而排队的又竟多数是台湾游客。

我一直都没有办法把食物从空间中独立出来评价或享受，同一种食物在不同的场所吃，对我来说就有不同的味道。空间是食物的另一种更大的容器，允许食物能有更多元的表达。犹如同一本书在书店、图书馆或自己家中的书房阅读，对我也有不同的感受，所以，罗列在上、我所经营的几家餐厅，空间都先于食物代表我这个业者的心中所想。我的空间并非要呈现广告的效果，而是要证明我对饮食生活的认知永远是“整体的看见”。

> 我一直都没有办法把食物从空间中独立出来评价或享受，
> 同一种食物在不同的场所吃，对我来说就有不同的味道。
> 空间是食物的另一种更大的容器，允许食物有更多元的自我表达。

餐厅的装修费用，是业者尊重自己与看待消费者的总值

成功大学大学路上的 B. B. House使我了解餐厅的发展被控制在房东手中，第二次经营餐厅时，我买了位于大楼的店面，再度装修了一个可爱的餐厅“味自慢”，一楼的30坪给客席用，楼上的30坪当厨房与仓储。这次的装修经验最珍贵也最好玩的是地板的施作，可能也是一个破纪录的经验。

我很爱干净，对于餐厅经营者需要承担的卫生问题更是心怀重任，我的目标就是餐厅绝不能有蟑螂。在美国，我看过很干净的厨房地板，因此到处打听这种材质应该如何取得，又有谁在负责施作。很巧，好朋友的表哥就是一位台大化工系毕业的专家，他不只对环氧树脂Epoxy很熟悉，还取得了一种更特别的材料添加其中。这项材料是一种极小的中空玻璃球，因为很轻，在水面上可以形成覆盖层；陈大哥告诉我们，这种材料是用于中东沙漠区，让宝贵的水源或蓄水减少蒸发，但添加在Epoxy地板中，则可以提高防滑的作用。

在环氧树脂还不普及的一九八〇年代，材料与技术多从国外引进，用于无尘工厂或汽车修护场，一般的商业场所还很少见。当时，不只是材料单价很高，受过训练、能施作的技术人员也不多，但我并没有想过自己的地方会出现那么大的问题。

我想要的Epoxy地板并不是薄薄刷上一层，这种施工作用不大，很快会被磨蚀，我想要的是有厚度的，而且表面要光滑如水。估价出来的时候，我犹豫了，但对餐厅卫生的高期待战胜了我对预算的考虑，最后我还是决定要把地板的施工委托给陈大哥。

陈大哥虽是化工系的高才生，但当时还不是经验足够的施作者，他因为刚开始独立门户自创公司，有很多技术也还在摸索中。我们用的是无溶剂的流展型地板，我选了米白色，

一个开餐厅的人对空间应该有自己的主见，
因为消费者会先通过你对于空间的眼光，继续检视你对于食物的眼光，
而这两种眼光会重叠于“美”的表达，说明它们有其一致性。

因为不喜欢亮晶晶的感觉，陈大哥也为我解决了反光的问题。但第一次施工之后，我的满怀期待如遭水淋，一看眼泪都要掉出来了，因为整个地表让人想起“吹皱一池春水”的诗句，只是那到处波纹粼粼的状况却没能引发诗人的情怀。

一个30坪的空间，要倒下材料、流展抹平成漂亮的表面真不是容易的事，陈大哥很诚恳、也很天真，他是亲自带了一个师傅来现场帮我施工的。施工失败的隔天，我本就预定要出门，不得不挂心去了新加坡，我特地请妈妈来台南支持，关照一下工地的状况。当我从新加坡打电话给妈妈时，她告诉我说，陈大哥为了那片地板已烦恼到发烧了。我心里很难受，既为他的身体、心理担心，也为我那片不知道会如何收场的地板担忧。

当我们处于一片挫败的烦恼时，一向冷静也喜欢克服问题的先生却不停地思索解决的方法。他觉得既是流体，泥作师傅在施工的技术上应该能符合陈大哥的需求，于是他去找了阿典，在陈大哥的解说下先试做一小片看看。

没想到，先生的想法完全正确，虽然阿典从来没有做过Epoxy地板，但把流状的材料抹平却是他的专长。陈大哥的问题解决了，而我也因此有了一片比正常更厚的漂亮地板，它果然为我的餐厅赢得了许多卫生与美感的赞誉。一直到十几年后第三次整修时，因为有些地方龟裂了，我才在碎片中看清楚当时地板的厚度，大概有足足0. 8厘米。那么美丽的Epoxy地板，我从来没有再见过。

餐厅装修考虑的当然都是功能、特质与动线灵活的配合，关于这些想法，在“早起的鸟儿”中我已提到很多，所以不再重复。在这章中，我要继续分享的是：一个开餐厅的人，对空间应该有自己的主见，因为消费者会先通过你对于空间的眼光，继续检视你对于食物的眼光，而这两种眼光会重叠于“美”的表达，说明它们有其一致性。

我不觉得用于餐厅的装修费用应该全部转嫁到消费者身上，这是一种非常难以说明的价值，简单地说，它就是业者尊重自己与看待消费者的总值。但我也要提醒创业的年轻人，租房子开店有时就像佃农在为地主耕作，一定不可对此过分天真。

能使美好空间继续发展她本有优势的是人，
因为只有人才能付出照顾、关怀与设想。
不过，让我们感到沮丧的是，不了解生活的人却往往拥有空间的使用决定权。

只有人，才能使美好空间发展本有的优势

我曾在经营“味自慢”一年后去经营成功大学医学院的简易餐厅，这个餐厅是创院院长黄昆严先生对于成功大学医学院的生活教育场之一，他想要提供师生一个比较有质量的用餐环境，借生活来进行美育。我认为这个想法的确很重要，如果医生自己都不能用最踏实的方法来体会日常生活的质量，他们又怎么能够了解病人的需要？人不是活得够久就好，还要活得够好！

后来我去曼谷住了八年，对他们的大医院也有一点了解，当我看到泰国的医生与护士永远身穿洁净浆挺的衣袍，并实地了解他们的用餐方式和环境之后，我觉得台湾医护人员在这部分的生活水平实在可算低落。我对于当年着手整顿成医简易餐厅的决心感到很安慰，那就是我对生活的看法。很可惜，当时有人觉得我之所以愿意这样改善，只是为了要去赚钱。

能使美好空间继续发展她本有优势的是“人”，因为只有人才能付出照顾、关怀与设想。不过，让我们感到沮丧的是，不了解生活的人却往往拥有空间的使用决定权。我在成医经

营简易餐厅期间，曾被许多不合理的规定捆绑。比如说，运送食材的车辆不能进入校园，一定要在门口以人力推车接驳；这个餐厅约有200个座位，单以一餐的食材量来计算，就算车子能停在靠近餐厅大楼的位置，搬运已经是一件大事，更何况是连靠近大楼都不能的运送路线。

我永远忘不了当时为了沟通这件事要去见院长，而他的秘书小姐让我在办公室门口站上半个钟头，以及事后那简单的一句话：“我们向来的规定都是如此。”虽然我对官僚气息并不陌生，但从长廊走回餐厅时，还是因为沮丧而哭了。我心想：“合情合理原来是这么困难的一件事！”从此，我不再对任何组织或行事复杂的合作案感兴趣，我乐于一个人速战速决、乐于想法能迅速付诸执行的小小世界；在这样的小世界中，我对餐饮的努力才算是一个可以尽情挥舞的美梦。

公羽家

因为观察到社会上双薪家庭所带来的生活改变，也因为很想推广在家吃饭的观念，二〇〇二年，我把经营多年的餐厅改为一个外带店。我知道顾客喜欢的是我们食物的味道与质量，但他们不一定希望或需要每一次都花这么多钱来享受内用餐厅整套的服务，所以在一念之间，我就把自己的想法付诸行动了，除了整修厨房，也完全改变原本用于客席的楼面。

虽然改变供餐方式后，客人停留的时间变得很短，我还是把等待取餐的空间整理得很漂亮，希望顾客来到我的店时，能因为我们对空间的用心，而同感于厨房制作区对食物的用心。

Bitbit Café

在回忆这个餐厅的建立与消失时，我的心里很难过，因为她是以家中宠爱的兔子Bitbit为名的。兔子后来离我们而去了，而我也在三峡买到自己喜欢的空间安置了工作室，从此离开了学勤路转角的店。

Bitbit Café现在已全部拆除，还回一个四空的原貌，它的曾经存在与不再能见，就像我们熟知的成语“沧海桑田”所比喻的世事多变。但此时，我仍牢记自己在装修Bitbit Café时的用心，也深深感谢那一年，许多读者或远或近，特地为了我而造访三峡的情谊。

多么庆幸那本我们全家为兔子所创作的绘本《Bitbit，我的兔子朋友》新书发布会就在这个空间举办。虽然此景只待成追忆，但此情却的确永留我心中。（关于更多Bitbit Café 的空间呈现，大家也可以回头参照第一章《不怕，为什么要怕》。）

Stories and Memories

热情工作，是世代相传的身教

回头看着自己初为人母的照片才发现，生活中所有的历练已经全部转化成耐心与信念。我既不能说它不是“非常辛苦”，却也不想只以“辛苦”来形容这段生活的旅程；也许，“深有滋味”才是最真切的感受。我在《砖厂的女儿》中提到，母亲给我的胎教是勤奋，因此我很耐劳。我觉得Abby在婴儿期最常看到的应该也是我忙碌的背影，也许是这份身教，日后使她从在我的餐厅工读起始、一直到致力于自己的教学志业，逐步成长为一个热情工作、脚踏实地的成年人。我常想，这种个性未必能使我们有特别好的成就，却能使我们成为比较快乐的人。

人生的选择是取“能实现”的“较好的”一面，
而不是在“最好”或“没有”的两个极端之间做取舍。
这个生活哲学，我也把它运用在空间设计的思考上。
在完成装修的第三十个空间中，我投注了“全生活”的观念：
在实体的空间中“退”，好让视线与心境有更多的机会可以“进”。

以退为进 | 不是句点的第三十个空间 |

完成第三十个空间后，我照例亲自做了打扫的工作，借以深入了解还有哪些细节下次可以做得更好，并补上立刻可以改善的缺失（真的，这种地方是永远都有新发现的）。

因为隔两天就要去上海一趟，在房子大致完成细部布置、但屋主还未搬进之前，我征得他的同意，约了两位朋友来参观一下这次的设计，希望借此能加深我们彼此对于居住的对话与了解。

这两位朋友希望我能帮她们设计新居。虽然有一位的房子明年才会完工，但另一位已为了等我，而把新屋整整搁置了快一年。我见她时总是惭愧，但她反过来安慰我说不用担心，他们没有流落街头的问题，只要我不说：“太忙了，麻烦另请高明吧！”就好了。

那天黄昏，我与朋友在新屋相聚了快两个小时。天色从全亮、慢慢地迎看远山缓缓被夜幕笼罩，而终至全暗。这刚好让大家有机会体会我为室内灯光与倒影所做的设想。天色暗下来时，起居室的白色木头玻璃落地门上倒映出另一头厨房的低拱门，深浅的绿色与棕色交错编贴而成的瓷砖，因为不同方向的光而闪着一种梦幻的光。然而，不食人间烟火的梦幻可不是我的目标，这得是个能炮制温饱的生活务实地。

我并没有问朋友是否喜欢这次的设计，因为，“问”是一个逼迫性的意见要求，如果真心喜欢，总有机会自然流露感受。当时，我只注意大家是否看看就想走，或是对这个空间有留恋的感觉，是否进门之后产生了安定与宁静的心情？我们在客厅坐了好一会儿之后，我提议去看看其他的房间，其中一位朋友笑着说：“我从进门就觉得，舍不得一下子把她看完！好想慢慢、慢慢看！”她真是一位珍惜物、用、情、感的人，这种“舍不得”，她在去年请我设计房子时的一封信中也曾提起过。

“退”未必是“其次”；“进”也未必是“最佳”

亲爱的Bubu老师：

收信平安！未能实时回复您的来信，尚祈见谅。

于您，我的内心有满满的感谢与感动，一有机会总想要释出一些以表达谢意，但又想一个人静静地与Bubu老师说说话，于是就选择了今日在无人打扰的公司给您回信。

记得看了《写给孩子的工作日记》这本书的第一篇后，我就舍不得继续看下去，想一字一句慢慢去体会。文章中不管对生活的诠释或对问题精准的提出，以及那文字背后温柔良善的心意，都使我珍惜。

这让我想起小时候吃荔枝时，每一颗都端详了半天，才小心翼翼地把外壳剥掉，内膜则用螺旋的方式由尖的地方往下卷，卷成一个可拿住荔枝的小小把手，再慢慢品尝，珍惜到舍不得一口吃下。

我最近常常跟先生提及，我很庆幸当初鼓足了勇气给Bubu老师写那封请求的信，除了我们会有一个美丽又好住的家之外，能借由这个房子亲近您及其他家人，是我们很大的荣幸，让我们见识了有一个家庭是这样在做事、这样在过生活的。

Pony回美国之后得面对日益加重的课业，又要分一点心力给房子的设计，让我们很不舍；

我以“书房”作为这个房子的重点，来思考设计与配置。
不过，我认为“最重要的地方”并不一定意指占据“最大的空间”，
我只是不停地想，如何让其他空间来“支持”书房，
使它的宽阔性有其具体与抽象的双重表达。

更不舍在未来的几个月，Bubu老师得跟好几个工班奋斗。我知道我们在这些工程上能帮忙的有限，但也知道一定有一些事情是我们可以做的，希望Bubu老师能不要客气地下指令，好让我们为自己的家出一点力。

我们很兴奋、也很期待能在新家过年，但就如您所说，这得很多人来成全；但在内心里又另有一个声音在告诉我：我舍不得，我舍不得房子太早完成装修。我想多一些时间与机会，跟Bubu老师相处。

记得有次上完“厨房之歌”，与一位同学搭捷运，在车上谈及Bubu老师给我们的影响，我们两人都哭成泪人儿。我们都喜欢在您身边学习，课堂上的话语是我们很大的养分，让我们有勇气去面对生活的挫折（尤其是教养）及困难，想到您，我们都会努力的。所以，房子的装修请Bubu老师以最从容的时间表来进行，不管如何，我们都是最大的赢家。

Joanne

信写得这么善良，所以，我就占尽这位朋友给我的便宜。这一年，我为手边的事已忙得团团转，不但没让她在过年前搬进新家，连工也没有开动

（我不喜欢开了工又拖拖拉拉，所以不能一口气完成时，就不敢开始）。后来，因地利之便，我先完成了第三十个空间，在这个空间中，我对等待的朋友解释自己“以退为进”的想法。

这个屋子投注了我对“全生活”的观念：在实体的空间中“退”，好让视线与心境有更多的机会可以“进”。

虽然，我们总是说“退而求其次”，但，人生有多少情况其实是：“退”未必是“其次”；而“进”也未必是“最佳”的事实。好比说，我宁愿在忙的时候一次做几天的菜肴冰存起来，以便落实尽量在家用餐的生活，也不愿因为“做起来放的菜，营养价值不如现做的好”而选择外食。我总是告诉来学烹饪的学员们：人生的选择是取“能实现”的“较好的”一面，而不是在“最好”或“没有”的两个极端之间做取舍。这个生活哲学，我也把它运用在空间设计的思考上。

我从不觉得装修时一定要把空间的利用争取到极限，但我永远在思考“利用”这个词中“利”字真正的意义。我们争取空间也要“利己”而不是只顾“夺他”，夺来的尺尺寸寸都真的能用或用上了吗？不仔细探讨这些，是不能进步的。我也不喜欢颠覆性的改革，因为很多人在推翻一个观念或事实时，并不知道自己要建立什么。我喜欢“改善”这两个字，往更好的地方去，就是我的想法。

以书房为重点，打造一个“能到处阅读”的家

第三十个空间是一个全新空屋，室内隔为三室二厅二卫浴。客厅不小，但屋主表示，他不在乎要有个大客厅，对新居的希望则是能“到处阅读”。这是个很特别的生活要求，也因而带给我极新的挑战。

我从不觉得装修时一定要把空间的利用争取到极限，
但我永远在思考“利用”这个词中“利”字真正的意义。
我也不喜欢颠覆性的改革，
因为很多人在推翻一个观念或事实时，并不知道自己要建立什么。
我喜欢“改善”这两个字，往更好的地方去，就是我的想法。

我把“书房”作为最主要的重点来思考设计与配置。不过，我认为“最重要的地方”并不一定指必须“占据最大的空间”，所以，我并没有改变屋主指定用来作为书房，一般称为次卧室那个房间的大小。我只是不停地想，该如何让其他空间来“支持”书房，使它的宽阔性有其具体与抽象的双重表达。

我先把它与客厅相接的墙面从上往下打开了四分之三的高度，这个房间原本与客厅完全隔绝的状态于是改变成以矮墙相对话了。它们虽然彼此在视觉上是相顾通透的，但我没有计划要连接这个动线。因为屋主经常要在书房工作，不能受声响的干扰，所以我在这个打通的空墙装上宽度比例为1:2:1的三片玻璃木窗——说是窗但并不能开，只在两边上了百叶小折门来加强窗的性质。后来，大家非常喜欢这个以墨绿黑和浅天色所搭配的窗口，看过的人都说，这是他们见过最有特色的书房。

这个作为书房的次卧室，门并不在墙的中间，所以我把门的开口加大为一倍半，使它显得平衡一点。现在，这个书房就有了三面宽阔的视线：一是原本的窗户外望远山；一是往客厅望去的整侧玻璃分墙；另一则是门与走廊相接的开口有了更大方的感觉。

我接着从客厅挪用了220厘米的宽度，并筑了一个新的矮墙给客厅用，现在，客厅与书房之间夹了一个我所设定的“室内花园”。这个花园的绿意将同时贡献给三个地方：书房、客厅与餐厅；也因为这个小花园现居屋子的中间，原本最典型，通往各房间的走廊就不再狭长了，而达到我的理想：**在一个房子里，每一个房间不只为自己的功能而存在，它最好还具备支持其他空间的作用。**

屋主在与我讨论时很高兴，因为他将不只会拥有一个有特色的书房，还可以在小花园中以另一种心情阅读。后来住进去之后，他还跟我说，当客厅那排推往小花园的窗户都打开时，半卧在长沙发上阅读又是一大乐趣。

我不只退了小花园的这一块地方，连主卧室的阳台也向内挪移了60厘米，然后新做了一排

木头落地门与百叶套门，百叶放在玻璃之外取代了窗帘的作用，这也是屋主非常喜欢的设想。一般大楼的阳台大小都留得很尴尬，小到不能有真正的功能，大到又不能忽视它的存在。仔细检视一般人的居家，这种名存实亡的虚置空间还真是不少。为了完成屋主“到处阅读”的心愿，我挪出的阳台已可摆上一组户外小圆桌，那在夕阳西下闲坐思考或但看远山的情趣，在施工当中我已可以想象。

强调基本工程，让美丽与实用找到最大的平衡

由于我对生活中“形式”与“内容”的转变一直都有深刻的认识，近几年在帮别人设计房子的时候，尽可能想强调“基本功能”的重要。尤其屋主越没有经验时，他们就更需要有人给予务实、真诚的建议与帮助，让美丽与实用找到最大的平衡。卫浴、厨房、洗衣间是

几个与兴趣无关，却不能忽略的基本工程。

再不喜欢做菜的人，也要先把厨房的各项功能安置妥当；而卫浴是维护生理卫生，进而享受生活的空间；洗衣间的功能攸关整齐清洁的生活质量，所以我很注意这几处的设计，希望能在预算的考虑下做到最好。至于家具或装饰品，因为是活动的器物，慢慢添加或日后有能力再更新，都比较无所谓了。

这个空间中另两个比较特别，也关于基本设备的设计是：我把咖啡机安排在书房，而不是在厨房；此外，我也在客厅往内挪移出空间的阳台上，规划了一个专供收纳大件清洁器具如吸尘器的落地柜，这两个想法都让业主非常满意。

这个花费了两个月的装修案尘埃落定后，我搭一大早的飞机往上海去了几天。有一个夜里，我接到之前在新屋碰面的两位朋友当中另一位的来信，信中写着：

Dear Bubu 老师：

自参观完三峡您的新作品，至今已失眠两晚了！一闭上眼睛，房子一幕一幕的景色、温度就盘旋脑中。您的新作品实在令我惊艳、赞叹！更加让我庆幸能遇到老师。

PS.抱歉我找不到更恰当的语词，来形容我激动的心情。

老师您的作品没有样品屋的华而不实，着实让我

我希望，我能从更了解生活之中，精进自己的设计思考，
把善意与美感一一落实在他人诚恳交给我的空间中；
最重要的是，但愿我的设计不是在强调自己的表现，
而是协助别人完成他们对于理想生活的表达。

看见什么是“空间与实用”。您的作品仿佛不管放在任何国家都是适合的、自然的。它好像没有任何的国家文化色彩，但应是经得起时间的淬炼，历久也能弥新。我最最佩服的是您对窗台（阳台）的“以退为进”，明明是往内退，却让视野更开阔，我翻过的装潢书或看过的电视专访，从来没有哪个设计师有这样的手法，对于您“与生俱来”的美感，我真的是心悦诚服。

我已和工务部联络过，取消我“画蛇添足”的不必要更换，也省了些钱。要请老师先费心的是玄关地板要退掉多大面积的抛光石英砖？留多少高度？这可能是工务部要我白纸黑字先定下来的。年关将近，Bubu老师一定也是忙，这时还吵您，实在很过意不去，明明是自己说房子明年过完年才会盖好的，但客变的细节又不得不请教，只好麻烦老师抽空再帮我想想。

祝安好

CS

读信时，我在外滩一栋旧建筑改建的饭店里，从书桌上举头一望，玻璃窗前是黄浦江与东方明珠，一样让人想起光、建筑、人与居处的情感交叠。我很欣慰，有几次在场面混乱、灰尘漫飞的工地中，我几乎是气馁的，希望永远不要再与工班相处，不要再碰装修的事务；但读着这样的信时，我知道这本书虽然是以第三十个空间作为分享的句点，却不是我与空间设计故事的真正结束。

我希望，我能从更了解生活之中，精进自己的设计思考，把善意与美感一一落实在他人诚恳交给我的空间中；我更希望自己的努力，能换取工班们与我更一致的理想与更美好的工作默契。最重要的是，但愿我的设计不是在强调自己的表现，而是协助别人完成他们对于理想生活的表达。

Thinking and Doing 1

以退为进，让生活与心境更自在

这案子的业主希望我不要公开太多完成照片，关于“以退为进”的设计，只能分享施工前与逐步推进的过程。

要把室内空间转成室外空间，不只是光线进出与空气流通的条件要尽量接近真正的室外状况，所选的建材也要从内外观看都能引发“户外”的感觉。当然，地板与窗户的防水处理更是一点都不能疏忽的作业。

这个空间经过改变后，光线从不同方向进来，但这个阶段也还是“假象”，因为玻璃还没有进来。会“反射”的材质绝对是一个空间应该被计算在内的光线影响，在一定程度中，反射也决定了整个空间的立体感。

Thinking and Doing 2

改善细节，阳台也能有室内的细致感

主卧室往内推移而拓宽的阳台地板，用的是看起来像木头的长地砖，可用户外建材的规格相待，冲水洗刷都没问题，又可以有室内的细致感。我把缝接得很细，也注意填缝土的颜色不要使线条一眼透露出地砖的秘密。

在知识系统化、讯息丰富到充斥的年代，我们在生活上一遇到问题总习惯先参考他人的经验、上网听多方的理论，不停找专业或专家来帮助，却不再运用自己的推想来创新看法或解决问题。

我喜欢张爱玲谈文学时曾说过的一句话：是先有文学而后才有文学理论。这个想法用来讨论空间也一样适切—是先有生活，才有林林总总理论规则的。所以，我们不应该只以他人所归纳出来的各种“黄金比例”或“经典作法”来框限自己设计空间的想法，而应该回到生活的基本需要来衡量各种进与退的决定。

当一些非常重要的空间已经被空间产品削减压缩到变形，当各种为创新商机的物用警告已对我们产生实际精神压迫的此刻，只有用常识与逻辑来思考生活的人，才有可能依照自己的性格、配合自己的生活形态，打造出与作息密切结合的美好空间。

第二部 空间对我的教导

Cleaning

永远离不开清洁的环境美学

空间是一个容器，装的是“生活”，清洁就是一种“好好使用”空间的态度与习惯。

改变一个空间的质量，不一定要期待在装修时才动手；

毕竟，装修的机会不是说要就有，但清洁却能使空间立刻发亮。

清洁，是环境美学的基础

我一定要把“清洁”放到第二部的第一篇，因为没有了清洁的观念，空间的质量就得不到维护，得不到她应该得到的爱，我们也无法继续发挥空间所给予我们，除了遮风避雨之外的其他恩惠。

领导英国度过二次世界大战的首相丘吉尔曾说：“人造住宅，住宅造人。”这句言简意赅的描述说明了人类与空间的共创共生。而清洁便是我们信口爱说的大题目——“环境美学”的基础。

回头想来，我与多数人最不相同的经验是，虽然在“空间设计”上完全未受过任何专业训练，却由于种种不可思议的机缘，亲手处理过整整三十场的空间设计。所以，如果把空间设计当成一个“行业”来看，那我自然就是行外之人；但若以实务经验来说，又有许多人说我可算“内行”。就实用的角度而言，我可以通过这本书带给大家一个鼓励：空间的力量不一定是在装修一个房子时才会发生，只要你愿意动手清洁身处的空间，就已经在进行自己对于空间的设计工作了。

我常在一个被标榜为某某重要建筑师设计的建筑物中，看到一些有违环境美学的生活习惯，心想这些建筑师如果有机会看到一支支拖把像招牌一样，立在他费尽心思完成的作品当中，会不会有泫然欲泣的感觉。我们把建筑放在艺术的层次，却不把使用建筑者的生活习惯艺术化，于是，博物馆、美术馆、文学馆、图书馆都有故事与文化价值，但离开书面，艺术教育却似乎并未内化于更多民众的感知与习惯当中。

清洁在很多人眼中不只是体力辛劳的工作，同时也是价值不高的活动。我们通常希望别人能把清洁工作做好，对自己却没有太高的要求，但一个称得上重视环境美学的社会，其实就是由一群对清洁品味够好的人们所组合而成的。

打扫的手是起茧的，心却格外安定

我所说的“清洁”是非常广义的，当然是整齐、干净，以及安排收纳与呈现美感的综合。在我看来，要把清洁工作做好并不是一件很容易的事，一个人至少要有几种不同的条件，才能够落实于环境清洁的维护：

有勤劳的性格

有正确的清洁概念与工作技术

有体力

对美有一定程度的了解

这是我们生活中常见的景象，即使在名师打造的建筑物下，拖把一样地位高如门神。我常想，空间美学教育如何能脱离如此简单的生活实务而达成推广？衣物在哪里晾晒、拖把水桶要收纳何处，我们要如何美化“生活的背面”？也许是建筑系学生最该上的第一堂课。

我遇到过一个各方面条件都很好的清洁人员，很可惜她有一点弱不禁风，所以不可能把专业的清洁工作做好。不过，我们多数人都不是以清洁为业，自己维持一个家的能力总是有的；尤其是你如果特别偏爱居家布置，却少了对于清洁贡献的了解或肯定，一定很难继续美好的生活质量。

每一次完成一个空间设计，我都会亲自打扫，除了是密集辛苦之后的欣慰与珍惜，也是借机检查细节最好的方法。有时候，这个工作也会有外请的清洁人员来帮忙，但我一定从头跟做到尾。我做完时，手一定是起茧的，但心情却格外安定。

举一个小地方为例，我看过好几个卫浴，即使在住过几年后，墙上还留有装修时残存的粉痕，那是贴瓷砖上填缝土之后用大海绵洗过一定会有的现象，本应该在第一次大清洁时用薄盐酸彻底刷掉。如果当时没有洗净，之后使用的人也不知道如何去除，越放就会越难清理。所以，我喜欢借由清洁工作来检视施工的质量。如果我与清洁人员一起工作，比较细心的要求就不是一种为难。这些房子虽不属于他们，但也同样不属于我，一起珍惜一件不属于自己的东西，只是基本的工作道德，有伴互勉，通常就能做得比较好！

有一次，一位年轻人对于我装修房子的故事很感兴趣，她也正在进行自己家中的新装修，我给了她一点小意见，当她问起我更多的经验时，刚好中医诊所的装修要收尾了，我于是问她可愿意跟我南下一趟去做打扫，左页这些照片就是她一整天帮忙的状况。一片刚刚完成的空间只因为看起来是新的，而让人误以为是干净的，但她其实是一个正要开始接受细心照拂的地方，此后也还要永远关心养护，才能使居住者的气质与空间的特色融合成更好的生活。

以行动与空间相扶持的美好见证

以食衣住行来说，我最重视“住”，即使在国外的十二年，我也在自己的生活条件内极力维护最好的居家质量。那几年，我因为好奇而常搬家，每次也都幸运地租到了很好的房子。而时间一到要搬离时，我都会带着孩子把角角落落细心地清洁过，用一种很感谢的心把房子归还给主人。

有时候，我不确定是因为我有这样的心情，才能与好几个不可思议的美好空间相遇；还是因为我有这样的清洁习惯，所以在无形中转化了空间的质量。但无论是哪一种，它都是我们以行动与空间相扶持的美好见证。

改变一个空间的质量，不一定要期待在装修时才动手。毕竟，装修的机会不是说要就有，但清洁却能使空间立刻发亮。

多年前，我曾去屏东帮一位亲戚翻修他们家专租给学生的套房。因为预算有限，有些地方实在不能“连根拔起”但也不能“视而不见”，只好以类似清洁的方法来改良状况。例如瓷砖不能换，但卫浴一定要有清洁感，所以我处理了沟缝。瓷砖如果没有破裂，脏旧的问题是出在沟缝，有些沟缝在填缝时颜色选得不够好，日久更显陈旧。那些浅蓝灰色的亮面瓷砖问题不大，上了白色的新线条之后，也有焕然一新的感觉。如果家里有一些同样的问题，又不能新上填缝剂，用漆来处理看看，也是另一种方法。

空间是一个容器，装的是“生活”，清洁就是一种“好好使用”空间的态度与习惯。我曾在写给一位朋友的信中说：

一个空间的美有两个活的条件，一是使用，另一是维护。“用”，空间才有人的能量，而“维护”是表达我们对空间的敬意；无论身在何处，人与空间都是彼此照顾、彼此效力的。但这两样都涉及“使用者”的观念与素质。

但愿我们能从身体力行的清洁来谈环境美学，好好珍惜自己跟所有空间相处的经验，用生活力量来积存整个社会的富乐。

Tips and Ideas 1

做好“日常维持”的清洁功课

对于居家环境的清洁，“日常维持”与“大扫除”是同等重要的，我有几个建议分享：

● 厨房水槽与盥洗室的下水口一定要经常刷洗干净，水管也要定时保养清理。

● 如果有机会装修，卫浴的落水口最好用“上不来”。它是一个有弹簧的活盖，如果承受水的重量，活盖会往下，顺利让水排出；没有水的时候，盖片刚好堵住出口，可以防止从下水道经过排水管准备往上爬的蟑螂从落水口进屋子。后阳台与前阳台也可能是蟑螂的入境口，请一定要注意这些出入口的卫生防护。

● 玻璃如眼镜片，是屋子的灵魂之窗，一定要擦亮才能为室内设计辉映出正确的光。擦洗玻璃要用一定的力气，不要只是倚赖清洁剂，用力时，你也会感觉到对空间的照顾原来是心力齐下的愉快。

● 台湾北部的湿度很高，家中的除湿工作要注意，以免衣物家具发霉。

● 为了清洁一定会有各种用具，在装修时如果能规划出适合的放置空间，可以避免凌乱的问题。

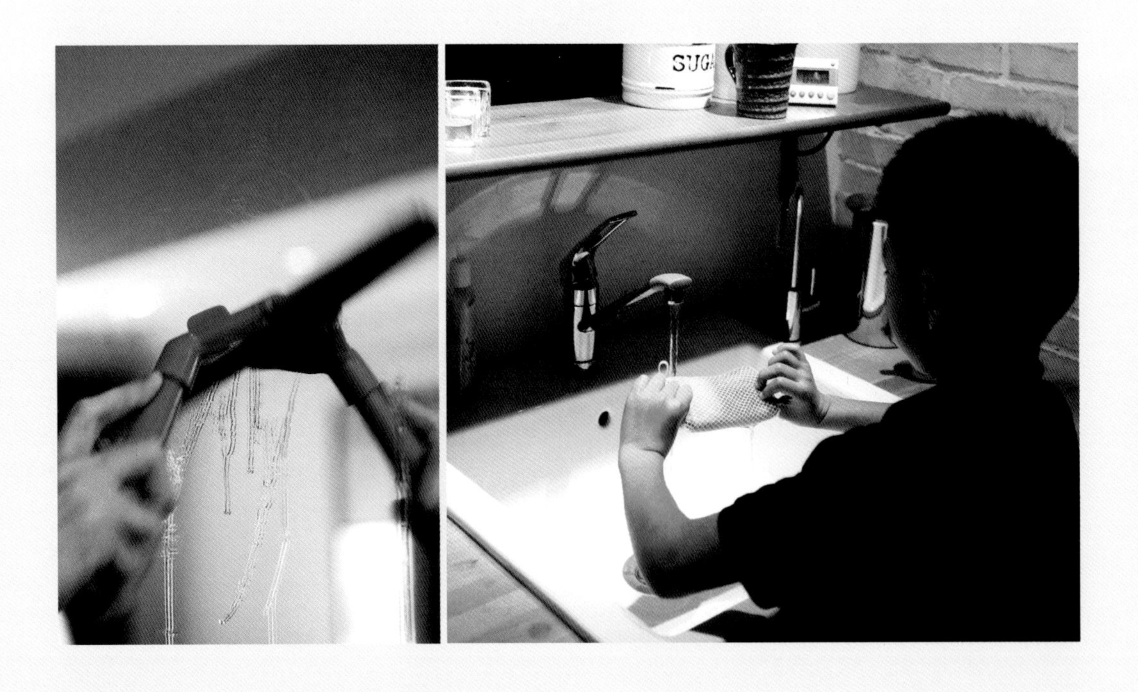

Tips and Ideas 2

每一样物品，都可以变得更“整齐清洁”

我觉得小时候学校教给我们的标语——“整齐清洁”，其中确有真意。人对环境美感的整体感受有理可循，比如说，书虽然很难以颜色或大小来取其划一，但如果摆放时把外缘线拉齐，大大小小的书看起来也不会太零乱。

有人听到我会整烫抹布觉得很好笑，但烫平叠好的抹布为厨房带来愉快美丽，一条几十块的抹布因为爱惜而能用上几年，是从生活的平凡事物体认价值的好方法之一。

现代家庭有很多小家电，学习把线收整好，真的很重要！

我每晚睡前都会把洗脸盆刷洗一次。清洁是爱物的情感落实，也是使物品耐用与恒久美丽唯一的方法。

C o l o r

从错觉谈装修中的颜色

设计空间时，看待颜色要有最宽容的心，更要有足够的心理准备，
要相信你想要的颜色，绝大多数是无法通过观看色卡直接确认的。
经验的价值，就是知道颜色错觉的范围，并掌握其中变化的能力。

到过工作室上课的人也许曾发现，我常会在上课中途暂停一下去打开身后的两扇玻璃门，并转动其中的百叶帘。这不由自主、看来有点莫名其妙的举动，是源于与我正面对视，在餐厅远方的一面横挂长镜。每当镜中的景物颜色开始因光线的变动而显得不够美丽，我就很自然地想去转动百叶帘来“放光”或“收光”。

在生活中，我确实是一个很敏感的人。敏感的人通常很不幸地都不是只善于感受美或舒适，对于“不舒服”的忍耐力，也同时低于一般人。比如说，衣物的标签或缝份对我的皮肤就是极大的干扰，我一定会把这些障碍物去除，也常因此要把某些比较贴身的衣物反着穿。

有些人的敏感只针对某些事项，有些人则全面反应；我是后者，所以对于空间的敏感，很自然会反映在对于颜色、形状、质地与这三者彼此统整或相互影响的感受。这种敏感也会在生活中促使我无法控制地去做某些举动，还好我的家人总是谅解我。

让颜色成为一种恩赐或祝福

记得还住在新加坡的某一天，先生与我正要从乌节路回乌兰的家时，经过了一排服装店。突然之间，跟先生讲话讲到一半的我转身走入店里，他想我大概是要去买件衣服，于是站定原地等我出来。但，我其实没有买衣服，只是因为走路时，一眼看到挂在店门出口处的一件衬衫上有个大蝴蝶结，但那个蝴蝶结松散了、不好看，所以我很自然地就走过去把它重结一次，想让之后走过的人看了比较喜欢。打完蝴蝶结，我就很满意地走了出来。我没

有办法看到蝴蝶结没有振翅欲飞的轻盈，一如我没有办法忍受“颜色”不成为一种恩赐或祝福，而成为一种干扰。

一九九六年底，现任职于成功大学都计系的孔宪法老师曾因回泰国亚洲理工学院开同学会，而顺道拜访我们。开车带他四处重游天使之城曼谷时，我谈到了很多对我们的都市与生活空间的想法，孔老师当时说了一句话：“Bubu，你看起来不像，但是，你好入世哦！”我虽入世，但也没有做到入世的有为，只是对许多事建立了自己的批判，并在心中试着申论。

孔老师说我入世，是因为我拉拉杂杂地倾倒着人使用空间时的不当所引发出的牢骚。记得当时谈的最多的，就是“颜色”对都市容貌的掌握（因为他是一个都市计划系的教授，我觉得说给他听比说给其他的人听还有用，而他自投罗网跑到我的地盘来，我也就老实不客气了）。

我指出的一个例子是，台南为了要让街景市容给人更整齐的观感，把东区一带某些街道的店面招牌全部改成统一款式——直式招牌，其上再加一个立体旋转正方体。问题是，这表面看起来为了整齐所做的改善却适得其反。店家是为了求生意而立招挂牌的，他们不只希望自己的技术出色当行，更想要招牌“出色众行”，如今形状被限制了，就在颜色上大动脑筋，于是，各种鲜艳俗丽的玻璃贴纸通过更亮的照明，破“整齐”而出，想得到行人的青睐。五颜六色的争彩夺艳与台南口口声声想要维护的古城优雅，只有更行更远。

大胆，是在好用法中创造新发现

因为颜色是如此重要，所以我在思考生活空间的设计时，总在第一个阶段先建立自己对颜色的初步设定。虽然很多人曾用大胆来形容我对颜色的使用，但我的胆识应该是由许多谨慎与推想再三的经验所培养起来的。

有些人以为“大胆”就是敢用“大红大绿”、敢制造突兀的印象，但我觉得，对于空间用色的大胆，可不是如此单一的归纳。走出惯有空间的惯有用法后，“能掀起一种情感”的颜色集合，才是我们对大胆的期待。也就是说，好的用法我们都知道了，也经常见到了，但还想要看到新的发现。它的基础必须是“好”的，这种好可以是一种新的用色经验，也可以在不同的颜色中成功地彼此扶持相映，抑或反差成趣。

颜色完成于光线中，这个由面包架改成的柜子因为里光强、外光弱，它的颜色就不单纯，我知道它也会随着柜中置放的物品不断改变视者的印象。

（左图）我常在工地中试色跟工班说明我所要的“效果”，这也是再一次检查自己的预想与现场之间是否还有需要微调的好方法。

（右图）为墙壁或天花板决定颜色的时候，我总是注意不同材质接合之处该如何安排是最好的。它没有规则，我永远信任自己的眼睛所见，“顺眼”其实是一种很美的境界。

因此，不要只是为了大胆而走相反的路、故意制造冲突。让人有所感受的颜色，无论是协调或对比，都有主动引人思考一下，沉吟片刻的力量；而不是看过之后，在心中掀起疑问：“为什么要这样？”或“看起来很奇怪？”

决定一种更有包容力的颜色环境

为空间决定颜色，跟你拿起一盒彩料从中挑个颜色而后涂在纸上，是完全不同的经验。空间中的颜色很少能以如此单纯的方式来表现，它多半都是通过某一种或多种质地的再呈现（例如布料、木质、塑质……），更别说“光线”在不同时段加诸其上的影响。而功能越复杂的空间在启用之后，器物本身的颜色也会影响先前定调的主色，所以，装修时不能一厢情愿，要决定一种更有包容力的颜色环境，为日后的使用者着想。

设计空间时，看待颜色要有最宽容的心，更要有足够的心理准备，要相信你想要的颜色，绝大多数是无法通过观看色卡而直接确认的。经验的价值，就是知道颜色错觉的范围，并掌握其中变化的能力。

我这样说听起来或许很“玄”，因此，我要用几个建议，帮助你了解“错觉”并非夸张之词。只有清楚理解造成错觉的原因，才能帮助你找到自己所想要的颜色，也才能避免失望。

Tips and Ideas 1

永远考虑光对色的影响

这张照片最值得参考的是不同的漆色会合的决定。如果一个空间用了两个以上的颜色，它们要在哪里分与在哪里合是很重要的。我与油漆工先生的意见有时会不大一样，那是因为他们不知道我后续所用的材质会如何影响颜色。

漆刷好的时候，整个空间看起来颜色很统一，但就是为了达到最后的统一，我在上色时故意用了不同的颜色，把误差考虑在先。我们可以用颜色来改变光，也可以用光来改变颜色，所以，要多观察它们之间的牵动与所造成的影响。当我们对光了解得越多，对颜色的掌握也就越准确。

Tips and Ideas 2

正确检视窗帘的布样

● 拿到再重的样本也不该平翻，一定要立看。原因很简单，窗帘不是床单，不会以平面覆盖的方式呈现出它的颜色，要立着看，才会最接近完工时的所见，这至少能减低误差。

● 不要近看，要远观。无论素色或有花样的布料，退远看才能仿真空间中视线与物体较正确的关系。窗帘之于空间几近于背景，只有在印象很好或很坏的时候，我们才会以看布样的距离与窗帘对视，检视它的细节或质地。窗帘的

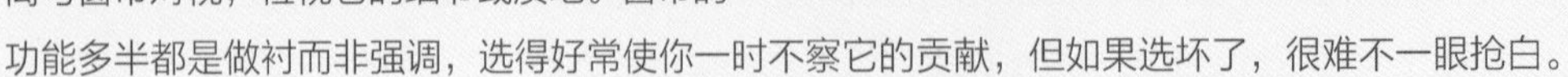

功能多半都是做衬而非强调，选得好常使你一时不察它的贡献，但如果选坏了，很难不一眼抢白。

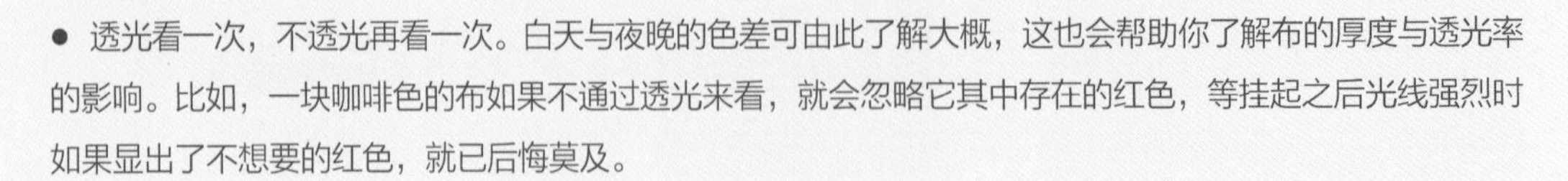

● 透光看一次，不透光再看一次。白天与夜晚的色差可由此了解大概，这也会帮助你了解布的厚度与透光率的影响。比如，一块咖啡色的布如果不通过透光来看，就会忽略它其中存在的红色，等挂起之后光线强烈时如果显出了不想要的红色，就已后悔莫及。

● 有满意的小布样之后，一定要再看同一块布的大布幅。有花色的布样如不再看大面积的布，有时难以体会完整之貌。布样书的照片只能弥补一二，作为参考，如果没有十足的把握，我不会单以照片来做决定。

Tips and Ideas 3

实际上漆的颜色会和色卡有差距

- 实际上漆后，颜色会与色卡所呈现的饱和度有差距，通常要比我们在色卡中看到的淡很多。当然，颜色深受光线与比较的影响，同一个颜色在白天、晚上看起来一定不同，漆在立面、横面也会有差别。也就是说，当你选了一个颜色刷在两面直角交接的墙上，或跨过立体的一根柱子，这两面的颜色看起来绝不会是一模一样的，因为它受光的角度本有不同。
- 看油漆的色卡时要遮围住其他颜色，以免被错觉影响。
- 油漆色卡与窗帘布样相同，要立看、也要站远看。

Tips and Ideas 4

颜色彼此的影响也必须衡量

颜色彼此的影响也是最应考虑的牵动因素（就如这四张图片中不同颜色、材质的靠垫所呈现的各种效果），因此，空间中的颜色严格说来，是永远不会被固定的，但这“不固定”，恰巧也是你能时时感受新意的原因。不要只寄予它单纯的期待，如果用更宽广的心去解读、认识颜色与空间的关系，你将会发现它所带来的惊喜，并自动地调整错觉对你的操控。

我们在空间中所见到的颜色是环境中所有色彩彼此影响的总结，它不像调色盘，颜色的相混有其规则可循，而已经是各种感受的归纳。

S h a p e

从比例谈形状的意义

对形状敏感的人，通常对比例也相对精确。
但如果我们自认为没有这样的天生敏感，又想自己装修房子，
就更应该通过分析，来注意形状对于空间的影响，让它善尽修饰的功能。

固定的形状，会因比例造成不同的感受

在装修一个空间时，几乎每一个决定都会涉及“颜色”“形状”与“质地”。所以，我才以不同的三个主题来谈我对它们的观察与经验。

我们从小时候就认识了一些外缘或轮廓特别的区域，它们各有自己特别的名称，如三角形、正方形……在装修中谈论这些定义清楚的形状并不困难，但不同的人对于形状与形状之间的相对关系，感受常有不同。

虽然，形状在我们的生活中是如此具体，却不是每个人对形状都有足够的敏感度；也因为这样，生活中会出现某些比例特别漂亮的空间或器物，也会有些称不上协调的场景。

我曾在小朋友的缝纫班上遇到一个对形状很敏感的六岁女孩，她对于形状的感受，使我预测这孩子有一天应该能成为一个很好的设计师。

那天我带小朋友给自己做一件蓬蓬裙，正如大家所知，小女孩向来都抵挡不了这种滚着蕾丝边，形状如花朵般的裙子。但我觉得很有趣的是，当我们做好后，在镜子前试穿时，这个小朋友并不是只专注在她的裙子上，而是一眼就把镜中自己的整体影像收纳进来，并做出评析。她好开心，很认真地说了一句话：“这条裙子跟我今天的发型好配！”当时，正在拍照的先生跟我刚好都听到了，我们俩相顾一眼，忍不住笑开，被她那种天真的模样深深吸引了。

回家之后，我们看到照片再谈起这个小朋友，先生笑着说：“她的两条辫子往外撑，她的裙子也蓬蓬地往外斜，难怪她会说‘很配’！”看！这就是形状的问题。

这个小朋友曾在另一堂课中跟我做过圣诞花圈，所以先生问我，记不记得她上一次绑的是什么发型。我说：“那次是垂着的两条辫子，虽然都是辫子，但跟这一次不一样。你看，她今天的头发是先绑成两条耳边马尾，再编成辫子，所以形状是比垂辫更开展的，才会让她想到跟蓬蓬裙的关系。”接着我跟他解释，我发觉这个孩子对于形状一定有着天生的敏感，如果她说“很配！”那可不是随便说说的。

对形状敏感的人，通常对比例也相对精确。上一次与她同堂课时，我已发现她对于花圈中每一样饰品的位置都很关心，在端详自己的作品时，她是以后退方式来观察并进行调整，这表示她很了解距离与形状之间的微妙相对，而这种了解会创造出更立体生动的作品。

形状在装修中最常担任“修饰”的功能

我的小女儿小时候不曾受过绘画训练，但她对于形状与颜色也非常敏感，长大后去念了艺术与建筑，我想也是很自然的事。从她的身上，我发现对空间中种种条件很敏感的人，通常会比其他人更容易发现“相同”或“不同”，也很喜欢从既有的事物中去“模拟”或“归

纳”。当他们说什么“好像”什么的时候，只要你肯仔细探究，都会发现其中的奥妙。

我记得Pony在小学一年级暑假爱上了画玻璃瓶，她画的玻璃瓶中装有各种各样的东西或人物，例如一个小天使或一颗吐新芽的种子……我觉得她的瓶子格外生动，玻璃显得如此晶莹剔透，虽然才是一个小小的孩子，但已能用精确的语言分析自己的想法：“我想要让我的东西看起来像真正装在瓶子里面，而不是像贴在瓶子上。”

我听了很感动，又看到她为了达成这个效果，先是不断地画了好几个“空瓶”，然后又细细研究瓶子空着与装了东西之间的差别，在其中寻找与真实所见最接近的效果。这种静下心来慢慢揣摩的过程，我在这个小女孩的身上也见到了。蓬蓬裙做好之后，她又跟我要了一些碎布，把我先前教她做裙子的方法，又重新练习了一次。

我记得她问了我两个问题：“Bubu阿姨，我可以剪这些布吗？”过了一会儿，她拿了一段裙头用的松紧带又问我：“这个我可以剪吗？”第一次是礼貌，我可以了解；但是第二次，我注意到她征询的是“可以剪吗？”当时我还不了解她要“剪”什么，只以为是长短的问题。直到看见她自己剪裁并用手缝完成了一条给芭比娃娃穿的小小裙子，我才了解她的“剪”是把松紧带的宽度缩小，以配合新的尺寸。她所决定的细节全都是以“等比”的精确度在进行，让我深深叹服。

我之所以巨细靡遗地把这位小朋友的故事说给大家听，是希望能帮助你了解：对于“形状”的敏感，并不一定是大人或专业者才拥有的能力，这或可归纳于一种天分；但如果我们自认为没有这样的天生敏感，又想自己装修房子，就更该通过分析来注意形状对于空间的影响。

“形状”“颜色”与“质地”都具有表现的特质，但形状又更常在室内装修上担任“修饰”的功能。以下我将提供几个例子帮助大家思考。

在空间中决定形状要“退出一定的距离来看”，才能看到比例与协调的问题。

Tips and Ideas 1

“对比”的错觉，可以把门变大

当门不够大，又没有条件能打得更开时，可以用加大“门框”来达到同样的效果。“比较”所产生的错觉，使我们得以弥补遗憾。例如在形状上，同样高度的长方形，会比正方形感觉修长，所以，改变既有形状的比例，通常能得到改善。

电影中也经常运用形状对比的效果，让不够高大的男明星站在一个较小的门洞里，我们的眼睛会根据收受的信息，去调整对于形状大小的感受。这时，“效果”已经比实际的尺寸更为重要了（当然，当东西搬不过去时，你就会感觉到“效果”的确是一种“错觉”）。

Tips and Ideas 2

窗帘与窗户的关系，最适合用形状来修饰

最容易被忽略能用形状来修饰的，是“窗帘”与“窗户”的关系。窗帘除了对于光有控制权之外，在一个空间中还有如人体穿衣的效果，从简洁素雅到华贵隆重，窗帘的确是空间可以替换的装着。人们在为窗户决定窗帘时，常常只想到以窗的大小为背景来完成设计，但更好的想法却不是以窗的实寸，而是以窗在墙面上的比例作为参考。

一个从半墙而起的窗，如果挂上两边对拉的打折布帘，顺着窗户的尺寸而做，就会让窗帘尴尬地飘在半空中，并不好看；如果完成的是落地帘，这扇窗就变得更大方了。

窗帘与天花板的相接，也是重要的形状表现，如果没有遮板隐藏的窗帘，它的上完成线在修饰上就很重要。特别是穿管型的窗帘，一定要比例正确才漂亮，不要在管子与天花板顶中间还留有一段距离。

无论窗帘或遮棚都可以重新定义一口窗的外观与它的穿透范围，千万不要忽略它的修饰性，以及它与整面墙或整栋建筑的关系。

Tips and Ideas 3

床头的造型、铺床的概念，都会影响舒适感

床虽然一般都是以长方或接近正方为完成的形状，但床头却有各种各样的款式，可以帮助空间表达出特色。我也很注意一张床是否能一眼就让人感觉到它的柔软度，再从此去想象主人高枕无忧的休息生活。但我说的并非是名床的选择，而是铺床的概念。我喜欢把被子直接平整于床上再加床罩，床的边角不会显得方硬锐利，被子的蓬起也添加柔软的感觉。大小的枕头也可以通过形状，来加强一张床的舒适性。

Tips and Ideas 4

家具的形状，以地板到天花板的高度作为比例来考虑

一个空间完成之后，但还未安置家具之前，是一种最奇妙的阶段。常常在这个时候，看着蛮好的空间随着一件件实现功能的家具出现，会有着每下愈况、遭受破坏的感觉。但事实上，除了用来展览的某些场所能以“空灵”来加强空间的效果，家具都是空间的主角。选择家具最是考验我们对于整体空间美感的了解，所以，我的习惯是先思考将会放置哪些或是哪种形式的家具，才开始做空间的整合。

Tips and Ideas 5

角落是最微妙的细节，会影响整体的质量感受

空间中的形状有平面的、也有立体的，除了漂亮的比例外，我也很注意立体形状要如何收整。比如说，两面瓷砖相交接时，谁要叠在上面，这会决定收边的质地。一面用水泥抹平的墙，要以直角接还是先埋上一个圆边条，也会造成不同的视觉效果。而工法上的假厚、出边、退缩，也都是为了展现更漂亮、更合理的形状所给予的设想。

任何“开口”决定的，都不只是自己被看见的形状，也同时决定收纳的景物被观看的形状与范围。

T e x t u r e

质地到底影响了什么

除了把质地从“好坏”改成以“适不适合”作为考虑的标准，
我也经常分辨质地的“软硬”，
在仔细思考生活功能与心情的需要之下，做出更好的选择。

“适不适合” 比 “好坏” 更重要

两个外形与颜色一模一样的对象，要分辨其中的不同，大概就是“质地”说话的时候了。奇妙的是，有些质地也会影响颜色与形状，使同型同款的设计出现了可供分辨的细微差异。一块人造石做成的玄关桌，只要在真的石材边一靠或用手一摸，光泽与温度就无法蒙骗你的感觉。一块同色的绸靠垫与绒靠垫或棉靠垫，反光与受光的条件都不同，除了影响我们所见到的轮廓，也影响了它与其他对象相搭配的程度。所以，质地是颜色、形状之外，空间设计上的另一个大重点。

用“好、坏”来形容质地是一种太武断的说法，我觉得不如用“适不适合”作为考虑的角度，会更贴近生活实用。有些材料的质地明明是好的，却不适合这一时的用法；有些东西看起来一点都不怎么样，仔细端详，它的质地却好得不得了。

我所说的“质地”与“质量”并不相同，质量是检视整体之后的评价，而我们要谈的是基础条件的寻找。以一片露出长方形砖的墙面来说，它可以是红砖所砌、也可以是贴上二丁挂或文化石，也可能是贴上一种打凹凸的砖形壁纸。这不同的完成墙面对有些人来说大同小异，但某些人却一眼就会感受到差别。跟形状、颜色一样，人对于质地的识别敏感度也有很大的不同。

（左图）质地是总体表现，除了本身的条件外，还可以用不同的工法来强调，比如同一块沙发布，平接、滚绳、压条都会产生不同质感。多分析自己的感觉，将有助于体会质感的丰富，也才能找到自己最喜欢的材料。

（右图）一窗百叶是铝片或木片所制，其中的质地会产生不同的效果。即使同是固定片的百叶，片与片之间的间隔距离或滚边细木是圆是方，对我来说都是质地的问题。质地不一定是以价钱决胜，而是考虑周到的选择。

“软硬”的配置要适得其所

除了把质地从“好坏”改成以“适不适合”作为衡量的标准，我也经常分辨质地的“软硬”，在仔细思考生活的功能与心情的需要之下，做出更好的选择。这在其他的生活范围也有许多类似的状况可供参考，并不一定要有室内设计的基础才能想到。以穿衣为例，丝绒、绸缎都是好的衣料，但没有人会用这种材质来做围裙——原因无它，只因这样的材质无法搭配操作家事的情境。

乍看一个空间，也许不会觉得哪里有软材质，而哪些又是硬质料，但只要再仔细看看，一定可以分辨出：窗帘是软的，墙壁是硬的；即使是一片卷帘、罗马帘或百叶帘，还是能给人“软”的感觉。沙发是软的，无论是皮质或布沙发；椅子上的靠垫是软的，台灯罩也是软的。我们也会感觉到，当一个空间因为用途而把软硬材质做了很好的分配时，真是让人感到舒服。通常，需要软而用了硬的质地，只会显得温馨感不够；但该用硬的地方若用了软质地，感受可能就比较差了。

比如，有一阵子高铁车站里有些厕所，不知为什么在门口挂了一截滚着花边的半长布帘，先不论布帘好不好看，这样的配置跟公共空间的形象其实是不搭配的。材质的选配一如衣着之于场合，重点不在于对象本身好不好，而是配起来恰不恰当。这就像看到有人穿运动衫去参加婚宴、穿亮片晚装去菜市场，不是不好看，而是不合适。

质地柔软的配置常常不只为了给人一种更温和的感觉，这些材质实际上还有吸音的效果。你一定注意到，饭店房间很少使用木地板，即使用了，也只是局部而不会是一整间。这是

因为地毯能吸音，所以以安静为基本条件的饭店空间，会借着长毛地毯和厚窗帘来创造安静、柔软的条件，借以加强休憩的精神效果。

如果对空间中材质软硬配置的普遍性还不够清楚，我们可以想一想，厨房的设备本身就少有软材质，所以一条围裙与几条干净的抹布，或是一束花、一个盆栽，都会给厨房带来更多生活感。当然，会创造出真正丰富感的，一定是在厨房做菜的“人”，他不只是柔软的材质，身上还穿着能吸音的衣物。而卧室，通常就是柔软材质较多的空间——床罩、被褥、窗帘或休闲沙发，当然还有许多人喜欢的玩偶、抱枕。

根据自己的生活需要来选材

了解空间材质的特性之后，可以再想想更细致的问题。同一面墙壁，为什么壁纸给人的感觉就比油漆的墙面要温和一点？这使我们认识到一个事实：某些施工后看起来一样平整的地方，会因材料质地的不同而呈现出软硬感受的不同，所以，你应该根据自己的需要来选材。纸确实比水泥柔软许多，即使墙面不打底就直接糊上壁纸，感觉还是比油漆更柔和一些。只不过台湾气候潮湿，壁纸很容易现出接痕，日后维修也没有油漆来得方便，所以我虽喜欢壁纸，却很少选用。

平整或曲折并不是用来分辨软硬感觉的标准，在某些情况下，材质本身的吸纳特质或对于光线的反映，也会超越它的真正硬度，而给人一种感觉上的柔软。例如看起来很平整的大理石桌面或台面，比一片不锈钢或人造石的台面来得可亲；又例如我在第一部中提了很多的砖，明明就是硬的，却能给人温润的时间感与生活感。而以木作施工的柜子或家具来说，实木一定比贴皮的感觉柔软，贴皮的又比木纹美耐板温和。这些分散在空间中的质地，有时软硬差别很大，有些却只以一点点本质上的差异而带出不小的影响。

质地也需要施作的工法来表现

认识质地也可以避免不够好的混搭。例如你想要和风的感觉，而选用石板一类的地砖来做地壁的基底，面盆或马桶与其他配件却选得不够东方，就使得一个小小的卫浴空间有种“

大家常喜欢说的“风格”，我觉得不能只想到具有代表性的材料，更应该为建材的质地做最适当的施作与表达。各种砖材填缝的深度与颜色，每次我都慎重地思考、试做，希望不要因为自己错误的决定，而减损了它原本可以有的质感。

穿着西装戴斗笠”的滑稽感。所以，认识质地能使你找到一种基本的“统一”，并且选择最适合的施作工法。

我看到有人为了乡村风，而费尽心思用了有生活质朴感的“仿古砖”（左上图），但为什么光看着砖觉得好看，在工地完成施作后却变得平凡僵硬？这通常是因为施作时没有把材质的优势保留下来，所以也算是材质认识不足的结果。

仿古砖最重要的“仿”，不只是颜色符合某种时代，形状也会仿出随岁月磨损、不似新砖锐利的边角。这种不规则的边，如果在施作时不考虑贴法，而用一般整齐的线条把砖与砖之间的距离强调出来，就等于埋没了材质。

施作仿古砖的填缝土不应填得太满，一满，砖的边缘就会不见，只剩一条整齐的线。但是泥作先生会觉得，如果填浅了，产生的沟缝容易卡存灰尘；再者，填平也是较容易的施作法。填缝土要浅，并非把土上少就好，而是要先填满，再用海绵把沟线之间的土擦洗到露出边缘。而填缝土的颜色如果太鲜艳，就会露出新土旧砖的马脚，这就等于强调了“仿古”两字中的仿，而不是古。

虽然“质感”二字已在所有生活范围中滥用到让人失去感觉了，但真正的“质地”还是可以在用得极为适切的时候，引起我们的感动。它无关贵贱，只是让人通过一种不必强调的价值或风格，看到设计者知悉生活的眼光。

Tips and Ideas 1

适合的地板材料，可以改善整体的价值感

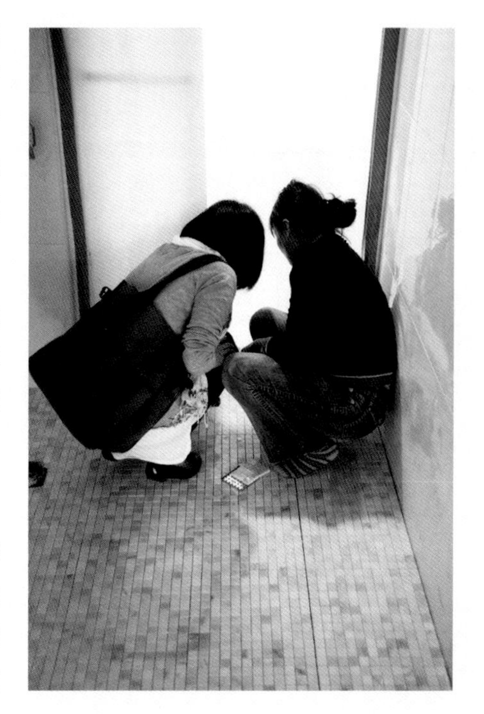

喜欢装修的人一定要用心多认识材质，因为我在前文中所说的“合适”，是一种综观之下的选择，能帮助我们不落入“贵”就是“好”的迷思中。特别是在预算有限时，如果对材质所产生的效果有比较深刻的了解，就能用“以长补短”的方式来创造条件状况内最大的美感。接下来我就用一个例子，来分享自己的经验。

在这个空间中，卫浴虽是全新的，但屋主并不满意，我也觉得只要用过一段时间，地板的质量会更糟；但如果整间都改，墙有四面，材料加施工会增加很多花费。我建议把钱用在地板上，由我去找与墙配得起来、质地够好的地板材料，来改善整体的价值。

墙面用的是一款很常见、很普通的仿石纹印刷砖，这种砖本身的质感虽然不是非常好，但它的清洁感与日后使用起来的质量并没有大问题，只是一配上地板那防滑用的米色粗糙面正方砖，这块砖原本的优势就不见了。所以，我选了一款汉白玉马赛克来贴地板，地板面积不大，虽然贵但用得不多，效果却显著，使整个空间的质量与价值都改变了。

Tips and Ideas 2

选择材质时，要先设想它的舞台是什么

在为不同的建材或家具选择搭配的质料时，我会在脑中试想它的舞台是什么？总希望自己不要让对象表错情。比如说，带着光泽的布料虽然很华丽，但如果没有整体环境的衬托，它也可能看起来反显俗丽。

中国丝绸已有近五千年的历史，在为这张很有东方味的椅子做搭配时，我所想到的质地就是带着微光的丝布，即使颜色是现代感的，但质地还是说明了它的底蕴。

L i g h t i n g

让光线留住生活的光与热

照明的美感，又分为两方面：
灯具本身的美感，对空间而言应视为家具器物，有不可忽略的重要性；
而另一种美感则是比较难以形容的——光线的照出与光线的影响。

光线的够与不够，不足以说明空间气氛

哥哥有次跟我女儿说：“你妈妈上辈子一定是蝙蝠。”因为我的家从来没有灯火辉煌过，而当我去哥哥家时，又总是忙着在到处“关灯”。

中年过后，我的身体开始变化，有一个早上起床觉得很冷，想都没想就去责问先生：“你把暖气关了！害我好冷感冒了。”他很冤枉地说：“是你半夜一直喊热，自己把它关了。其实我觉得很冷，但不敢开呢！”

被这么一说，我不好意思了，很想找个台阶下，只好开着玩笑说：“我以为你要我省电呢！”没想到先生一本正经的表情中闪过一抹促狭，结论是：“你已经够省电了，你是点蜡烛的人。”

的确，我非常爱烛光，因为除了阳光与火之外，生活中只有烛光最“生动”。我喜欢点蜡烛，是为了平衡多数电灯照设的呆板，而不是追求生活形式的“浪漫”，所以，我也很不喜欢仿真蜡烛明灭亮光的电子烛灯。我的重点并不在于寻找一种类似“蜡烛”的光照形式，而是想要感受光如何影响一个空间。

我不喜欢“太亮”，但更不喜欢“阴沉”或“晦暗”，所以，设计空间时要能够清楚地分辨这两者在意义上的不同。我觉得空间一如人的性格外现：心境开朗的人，并非一定就是

语言行为热闹欢腾，他们能使人感觉安心与信赖，是因为有坚定的信念与谨遵道德的操守，而不是以表面的热度来表述心中的光明。同样的，我们也都曾看过照明很亮却使人心情为之黯然的环境。如果只是凭着光线的够不够就能说明一个空间的气氛，光线也不会成为装修中极难了解的学问了。

相信技术，也要相信自己对美的判断

二〇一二年与父母去首尔，因为父亲喜欢看看当地有名的大学，所以我们雇了一辆出租车直驱梨花大学。除了在校园浏览建筑，我们还进了一栋校舍，看到右边有教室，左侧是一道楼梯往下，虽不方便进去，但从挑高的玻璃墙下望，可以看到应该是一个很大的自修室或是图书馆的一部分，类似于我们学生时代称为“K馆”的地方。

其实，三十几年前成功大学的K馆也很有味道，因为在当中的两个元素——“空间与人”都很单纯朴素，即使有人累了趴睡在桌上，也跟现今某些公共空间占着学习位置以供自己休憩的氛围大不相同。不过，梨花大学这片自习室却有一个很特别的照明，长桌上连绵而去的小台灯带出了一种非常温馨，可以说是美丽的感觉，使照明不只正确地发挥了它最重要的功能，也通过形式表达了美化的作用。这看起来像巴黎国家图书馆阅览大厅的桌面灯具，使座无虚席、埋首于书页中的学生超越了案牍劳形，而有升华的感觉。

我想，这就是“照明”经常会决定一个空间能不能称得上与人心灵相契的证明，也是室内装修必须在一开始就得想到，但要直到最后阶段才能确认的结果。可怕的是，当这结果出现的时候，整个空间设定的配置与装饰通过灯光的照射或衬托所显出的价值，也就跟着被决定了，有些不够满意的地方或可修改，有些却未必来得及补救。

我还是想与大家分享：多听听别人的分析，但不要一味听信专家的意见，我们应该更相信自己的眼睛、自己的感觉，寻找真正合适的光照。

我这样说，是因为受过一点教训。过去我一直都是自己决定灯光要如何配置，但在三峡装

光线不只照明物体，它的反射与倒影也常使我感到快乐。

如何柔化自然光，也是我经常思考的问题。阳光能使人感到安慰开朗，但如果不够柔和，也会粗化生活的质地。

修“中年的家”时，我对于北部的照明供应与水电工班都还不熟，也没有时间特地去找。巧合中，先生在找灯具时遇到一位老板，听说他曾经去日本受训，对于灯光、灯具都很内行。他特地北上与我在工地中讨论了配置及开关的分法，这一场的照明于是就委托他来准备灯具与施工。诚实地说，我很后悔听了他的某些建议，只为了光线的足不足够而用了呆板的灯具。另一种错误则是在某些朋友的家中所见——设计师在家中安装了如同卖场一样的投射灯，亮是很亮，却很刺眼。

灯具的质量如何、耐不耐用，的确是一个最基本的需要，而照明的美感又分两方面：灯具本身的美感，对空间而言应视为家具器物，有不可忽略的重要性；另一种美感则是比较难以形容的——光线的照出与光线的影响。

我们所遇到的这位先生在安装技术与灯具质量的了解上都没有问题，但我觉得他所推荐的灯具，并无法满足我对于照明的认同与需要。有好长一段时间，我都不愿意去开那些灯，最近因为LED灯已发展出我喜欢的颜色，先生自己研究了改装的方法，才把那几个让我耿耿于怀的灯具都换过了。这教训使我了解到，技术的确是一种专业，但美的判断还是忠于自己的感受比较好，一定要努力找到兼顾两者的方法。

留住光的温柔，与它慷慨的施舍

我的视力一点都不好，近视很深，又有老花，但我对光是敏感的，很容易享受空间受光的影响。自然光从哪里射进来？哪里光线太强需要拒绝一些？哪里的光会把颜色辉映到另一个地方？……理解这些小事使我非常开心。但光也有使我感到丧胆痛苦的时候。

在第一部的第十二个故事中提到“以退为进”果真创造出一个可以穿绕的花园，但这个退也改变了光的影响，因此后来我在为所有房间决定油漆的颜色时，竟感到犹豫不决的痛苦。有一天我在给远方朋友所写的信中，这样描述自己的心情：

这个往内造的小花园改变了光单从一侧所给的影响，所以，我花了许多时间在思索不同时间各种颜色的改变。这对我的经验来说，是一个非常有分量的功课，我很珍惜这份学习。

那段时间，我又一遍遍重读梵·高给弟弟的家书，心中突然有种新的领悟。

一直以来，我都觉得梵·高在找的是颜色，但交叠于当时自己正困顿于对光线的了解，以及更仔细阅读他的文字后，我想他在找的其实是“光”。而那种光，更真切深刻地说，应该是生命的热。所以，他写着：

当我画一个太阳，我希望人们感觉到它以惊人的速度旋转，正在发出骇人的光热巨浪。

当我画一片麦田，我希望人们感觉到原子正朝着它们最后的成熟和绽放努力。

当我画一棵苹果树，我希望人们能感觉到苹果里面的果汁正把苹果皮撑开，果核中的种子正在为结出果实奋进。

当我画一个男人，我就要画出他滔滔的一生。

如果生活中不再有某种无限的、深刻的、真实的东西，我不再眷恋人间……

我又想起，有人问过海伦·凯勒的一段话：

“你相信死后还有生命吗？”

“绝对相信，”她强调，“死亡就好像从一个房间走进另一个房间。”她补充说：“不过你要知道，我的情形不同。因为在那另一个房间里，我将可以看到光，我将有视力。”

因为那里有光，所以生活中充满希望！因为想认识更多生活中光的意义，在想着空间的照明时，我希望能同时留住它的温柔与慷慨的施舍。

我经常用“享受光线的美”，来练习我对于光线的表达。

Partition

隔间与功能

这二十几年来，我们对于住宅的空间规划远离了踏实的生活，多数房子被广告扑脂洒粉，但许多基本功能其实都不足，动线也乏味。空间不能与生活的需要密切配合，使年轻人对装扮空间产生了一种矛盾：他们充满热情却在家中待不住。

隔间创造了“完整”与“隐私”

一个平面起墙造壁之后成为空间，空间中每一个配置应该都有各自积极的意义。要围起一个房间至少会有两面墙，墙外的感受是隔离与拒绝，而墙内则因此创造出完整。我们都有被拒绝与需要拒绝别人的时候，空间的建立，在人与自然界的意义上是“安全”，在人与人之间是“隐私”，因为有了这些决定隔绝与延揽的主控权，才使我们在群体的社会中成为一个更完整的“个人”。

如今，多数的空间已是集结各种专业力量而成的商品，很少人能在一块空地上从无到有地思考自己与居住的关系，隔间的设立落在他人的手中，我们多数人其实只是拥有对空间进行局部调整，以及用装饰或设备来充实生活的权利。所以，对于隔间的见解与讨论，在一定程度上也显现了它的深受限制。

花哨的标语，取代了对住宅的真诚关怀

一般人的住宅都是通过建商邀约专业人才完成规划、建造，而后才与自己的生活慢慢有所叠合。正因如此，空间也就一如所有的产品，当广告发挥了效用，业务就会挂帅，有利于

早期公寓的大门位置开得比较好，虽然一样没有预设玄关，但装修时要隔出空间也不难，不比现在的房子，门常一开就遇边墙，很难做文章（右边是装修之后的状况）。

这张照片很有意思，足可说明建筑时友善的设想是如何有助于生活，反之就得在装修时又浪费一次成本。坯屋时，建筑师不但决定了卫浴室的开口，还会把电视、信息与电话出线都定好位置，这就代表了如果不改变基本配置，床的摆放也已成定局（以这张照片来看，床一摆上就会正对浴室的门口），因为床的位置是同时受门的开口和线路的位置所约束。从照片中可以看到我所封掉的原开口与重开的新入口，这个房间在改了卫浴门的位置之后，才出现一个真正完整的区域，运用上变得灵活多了！

广告的部分将瓜分或强占真正用于生产的资源。我觉得现在的住宅也是这样愈演愈烈，主义与标语都很花哨，但一般房子的质量与实用设想却在下降当中。各种项目竞相表达的只是“广告”的创意，而不是人对住宅的真诚关怀。

有些案子常说自己是“低调奢华”——其实再也没有比以“低调”来自我描述更“高调”的态度了。有些称为“豪宅”的建案广告上则写着：“让你与总裁、医师、律师、学者为邻”，这会不会适得其反，让从事其他行业却想住进去的人有趋炎附势的自我怀疑。我还

在南部看过有建案指定要拿综合所得缴税证明才能约看，我很想知道真的拿了缴税证明去看屋的人到底是气不过，还是觉得“财不孤必有邻”。

这些听来如此了不起的想法中，到底有哪些曾对现代的生活空间做出很大的改善和贡献？我们买房子的时候，只要听到名建筑师加名设计师的合作就够了吗？为了亲朋好友来家中做客时能炫耀自己住的大楼有各种各样的设施，而剥夺掉居住空间的资源，到底是一种建商迷惑顾客的手法，还是我们自己的迷思？那些用庞大管理费来维持却只是（事实上也是“只能容”）少数人使用的设施，又带给新购屋的年轻朋友多大的负担？

这二十几年来，我们对于住宅的空间规划远离了踏实的生活，多数房子被广告扑脂洒粉，样品屋装扮得像模像样，但许多基本功能其实都不足，动线也乏味。空间不能与生活的需要密切配合，使得很多年轻人对装扮空间产生了一种矛盾：他们充满热情却在家中待不住。前年当我同时在南北装修两个坪数差不多、但一旧一新的房子时，我更感觉到新屋的空间规划远不如旧屋。所以，我想以三个完成日常功能的区域来讨论隔间的问题，也许可以给你作为参考。

Tips and Ideas 1

居所不能没有“内外”之分

人造屋而居，“隐私”是很重要的。有些人对于“隐私”与“神秘”的不同认知不够，就以自己的需不需要来界定他人的权利。这就像赤身露体虽然是某些人并不介意的事，却会对旁人形成一种逼人躲避的不方便，因为我们有“非礼勿视”的生活公约。

在屋价高涨的今天，有更多的房子开门直见客厅，这是居家空间不再含蓄的最大改变。老一代台湾的乡下平房虽然也没有玄关，但屋前还有马路或庭院，客人登门入室前总还有一点缓冲。更重要的是，过去那种登门就入厅堂的房子是不用脱鞋的，所以在生活举止上也就不会触犯客厅门面的正式气氛。现在的房子没有玄关，不只来客脱换鞋子常有不便，收纳如果不够理想，散布在地面的鞋子也有失雅观。

有人会说，不是我不想隔出玄关，是空间真的不够。这话一点都不假，但比这更糟的是，愿意牺牲空间隔出玄关的人，常遇到不知从何隔起的困扰。如果我们的生活是习惯居处一定要有衣帽间或玄关来分里外，建商在规划原始隔间的时候，自然要更努力去思考大门的开法与其他的配置，而不是把这些问题全部丢给屋主或室内设计师去烦恼。

在脱鞋已成习的现代生活中，玄关与鞋柜是非常必要的，虽损失了一点空间，增加的生活质量却不可小觑。

Tips and Ideas 2

浴室不能中看不中用

现代人普遍很看重沐浴清洁的空间，这是人类在卫生与生活乐趣上的一大进步。但是卫浴的清理攸关浴室的质量，所以，设计一个卫浴空间时得有更务实的态度，不要只为了把所有的设备都塞进去，而不做取舍。想想看，你会不会喜欢一个贴着好看的大理石或瓷砖，有着顶级马桶、面盆、龙头与花洒的空间却总是藏污纳垢？即使是再怎么平凡的设备，一个打扫得一尘不染的卫生间都能令人感动。

我小时候的邻居詹妈妈是一位非常勤奋整洁的妇女，她们家的厕所现在想起来，还让我觉得不可思议。古老日式房屋的卫生间都是蹲式马桶在里间，男用小便斗在外间，整间厕所从墙到地板、门与门闩都是木造。詹妈妈能把所有的木头洗刷到让人觉得进入那种传统的厕所，如同一游生活博物馆，实木的肌理中泛着刷洗留下的苍白，真是力透生活的态度与精神。

我认为这几年流行浴缸与淋浴室之间没有相隔，是一个自找麻烦的设计。我们在很多情况下会只淋浴不泡澡，但淋浴四溅的水污皂垢一定会把浴缸弄脏，这平添了清洁上的负担。我也曾看过为了营造生活情趣而把浴缸安排在客厅的阳台上，很难想象，要把湿淋淋的一身先包好、脚也在踏垫上都弄干之后才能走回房间的那种小心翼翼，会不会折损掉生活乐趣。不要只用很酷或很炫，来思考一个实用的家。

现代住宅在有限的空间中，常会遇到厕所面对餐厅或侧对大门的状况。我认为卫生空间再美，也要有一定的含蓄，除非真的无法可想，否则我一定会做出隔离，打断视线。

Tips and Ideas 3

工作阳台必须巧用空间

“工作阳台”也是这十几年来新兴的名词。当然一个屋子会在这里进行的工作就是洗晒衣物，所以我认为这个空间至少要能安排一台洗衣机与干衣机、还要有一个小型的洗衣台与能够把衣服展开晾起的高架。这些空间该如何立体使用，将是设计上的重点。（虽然环保人士或许会反对干衣机的想法，但以北部的天气来说，没有干衣机的确会降低生活质量，更有些衣物经常会因晾晒不够而发臭。）

如果干衣机放在洗衣机上，架子就不能摇摇晃晃，洗衣台小小的也无妨，可以利用下柜来收存洗衣的杂物与用品。现在的工作阳台问题常出在门的开法，外开的门一定得占用已经有限的空间，这也是建设之始就应该想到的地方。

为什么建设公司不在样品屋中把洗衣间的各种功能都安排上去呢？因为他们知道你在购屋之后还有空调与洗衣机器要放在其中，这样的局促是负面的印象，最好藏而不现。在各种眼花缭乱的布置中，大家已经忘了自己的生活里还有衣服要洗要晒，也忘了空调会被规定要来分享这个已经够有限的空间！

居住者经常不满意建设公司所提供的厨具，而拆除下来的柜子与台面，我会想办法改变尺寸，把它们再利用到工作阳台上。一个没有洗涤槽的阳台是很不方便的。

Mix and Match

既混就要搭

好的混搭，有一种是让人完全不察觉它的混，只觉得分外协调的舒服；
另一种则是，发现这么不可思议的事物竟然可以在一起，
而且还超越了自己的想象，忍不住就发出“好搭！”的赞叹。

“混搭”是人类生活中最大的事实

“混搭”一词，经常出现在各种时尚流行的文字叙述中。虽然，混搭看起来像是一种“主张”、一种对于美感的“发现”，但只要细观文化的演变就不难察觉，它只是人类生活中最大的事实。

我们总是说，单一的文化比较精致，混杂的文化比较广博。当一种混得很搭的美感体现在器物、食品或生活气息中，又经过足够的时间考验而流传下来，往往就重新创造了“纯粹”的印象，让人忘了它血缘上的混合。

经常代表印度的泰姬陵是建筑上的大混搭；伊斯坦布尔的圣索菲亚大教堂是宗教与建筑的大混搭；感觉能代表日本传统的和服也是混搭。欧洲的蓝白瓷是混搭；如今大量运用的咖喱块更是印度香料与西方白酱烹调技术上的混搭。在我们的生活中其实是混得多而不混得少，所以，不必把混搭当成新的美学观念，为追逐流行而混，不考虑事实上有没有真的很“搭”。

混搭是从英文的 Mix and Match 翻译而来，回到英文能更清楚了解这个观念的重点。因为中文的“混搭”两个字，“混”很清楚，但是“搭”的多义可能使我们忽略“微妙相配”的意思，只偏重于“共同出现”的状况。在英文中，“搭”用的是Match，于是我们知道这“混”有着它的积极期待。

我想先从两个杯子谈一下自己从习以为常的混搭物品中所看到的美，再来谈室内设计的混搭：

这个杯口5. 5厘米、盘径11厘米的浓缩咖啡杯，是二〇〇〇年我在京都清水寺下的一个商店所买的。买的时候很匆忙，但一眼就被它那种“混得很搭”的感觉所吸引。

另一个杯子是在上海买的，手绘的牡丹花使我想起吴融吟写牡丹的诗句：“不必繁弦木必歌，静中相对更情多。”浅米底色上的牡丹就像熟宣纸上的画作，很中国，但这中国味却挂架在一只西式杯子的身体上。

这两个杯子让我想到，所有的混搭若细细分析起来，都会看到谁是骨架、谁导风韵的携手合作。若是协调得够好的合作，就有了混而搭的优势，在使用者或欣赏者的心中新生出自己的风格与生命。例如清朝以后，旗袍与西服特色的混搭所做的改革，就成了现今大家对于旗袍的正统印象。

建筑或室内装修的混搭，随着材料的广泛运用、工法的进步与信息的分享，“混”已经是每一栋房子外表的特质之一，而室内设计因为所涉及的家具与装饰品更多，混的机会当然也更多样。值得注意的是，空间的混搭因为规模要比一个器物大得多，需要协调的对象也就更复杂，不过，这样的困难同时也是挑战与趣味的所在。

相融于微妙，接连于无形

台湾因为文化上与日本的牵连，无论在建筑或室内空间的规划思考上，应该都属于“和洋折中”的表现。这几年，在空间的设计中当然“和”的影响淡了，但建材的考虑却常常还是带着某一种“日本味”。比如说，外墙的“某一部分”、室内地板的“某一部分”，或浴室瓷砖的“某一部分”会用上和风的材质。这种现象，南部似乎是更为明显的。哪一国的特色都没有什么不好，但我觉得问题就在于那“某一部分”如果考虑得不够周详，或只取到其中的一半特色，这样的混搭就不是很好看。

我小时候曾住在有庭院的日式独栋木造房子十二年，对日式房子的气氛体会很深。我记得的一个特色是：日式房子即使是很好的建材，因为很少加亮漆或使用彩度高的颜色，所以感觉总是含蓄的、朴素的。另一个特色是，空间很有延续性。需要隐私的拉门是糊上整体图彩的纸门；如果是只需半隐私的空间，就在扁格子木框门上糊一层可以透光的白布，那种门也常在中下方有一段玻璃，约是坐高方便外望的视线。书房的门则是有肚板的木头门，上面镶着分片玻璃。

因为这些门全部都是以木头轨道滑行，不像西式门的开拉需要一定的空间相让，所以空间的延续性相对要高于西式起墙关门的房屋。轨道在地板的分割上也产生了很好的作用，使两种材质的地板相接时不会有尴尬直对的状况。

我们的家虽是日式房屋，但内部已开始有了混搭的用法。比如说，客厅与厨房都不用脱鞋，类似一般台湾人的住家形式；除了一前一后的这两个空间，其他所有的空间都高于地面约五六十厘米左右。会混搭当然是为了方便生活中的会客与家务操作，但回想当时盖这个校长宿舍的人，应该也是细心又有眼光的，因为他把两处的接连做了很好的过渡。

客厅以一个 L 型的日式拉门鞋柜相接，鞋柜的顶有50厘米高，比榻榻米处低10厘米，所以这个 L 型木平台既可当成台阶入内室，也可以作为另一种座椅，如果穿着鞋坐在平台上，垂下的双腿刚好能含蓄地斜并。厨房则是以三个台阶层层进入木地板的餐厅；餐厅右转后就进入很长也很宽、像走廊一样的书房。这个家可谓四通八达，把一个大大的正方形切成八间，每间都可以用拉门相通，又用拉门彼此阻隔，对于面积的利用有进可攻、退可守的意味。

因为从小领略了混搭相融于微妙或接连于无形的精神，我比较难接受风格各自突显的混搭方法。例如把一个和室硬生生地摆在一个味道非常西式的屋子里，或把一面墙涂上很巴厘岛的颜色再加一盆芭蕉，但另一边却接着一片观音石的墙。

混搭是受影响也同时产生影响的一种设计，不管怎么混，好的混搭，有一种是让人完全不察觉它的混，只觉得分外协调的舒服；另一种则是，发现这么不可思议的事物竟然可以在一起，而且还超越了自己的想象时，忍不住就发出“好搭！”的赞叹。

在装修第一部介绍的中医诊所时，医师希望能有一张背部支撑力好一点的工作椅，所以我请她有空时去找一找，但传来的照片看起来都像学生的用功椅，我看了很担心，因为鲜艳的颜色与塑料质地无法与问诊桌好好协调。最后，我去帮她定做了一张美感与功用尽可能兼顾的椅子。图中这些家具当然是混搭而成，我以色系作为基调，是为了防止“混”中可能会出现的“乱”。

混搭是一种保存自我，并同时采纳其他文化的相配。像这两款桌子都是异材混搭，传统的中国桌整体都是木头，转成与现代的玻璃相配或与编藤混合时，并没有突兀感。

这几面镜画是二十年前在曼谷买下的，由西方的挂镜与泰国的传统画作混搭而成。它特别成功的是，金色用得很沉稳，近几年画框的银白或亮金的浮浅无法与之相比。

I m a g i n a t i o n

想象力的活用

在空间中，我认为“想象力”更正确的说法或许是：
运用所有已知的经验去“预想”一件未知的可能。
它是由许多背景知识与经验支撑着——因为有所支撑，才能带着信心跨越。

想象力，是生活观察的集合再现

我自觉是想象力丰富的人，这种能力被培养起来的理由，很可能是拜小时候玩具不多所赐，所以看到现在的小朋友有整套缩小版的模型或玩具，却一点都不羡慕。我在商场里观察小朋友在设计好的套装玩具中重复着相同的操作、说着同样的话，感觉到这些“仿真”游戏给他们的是限制，而不是启发。

想象力是生活中多种观察集合之后的再现，而不是以公式化进行的训练。没有玩具而非常想玩家家酒的孩子，会用自己的想象力去寻找材料。成人的小碟子就是儿童眼中的大碟；小酒杯就是他们尺寸合适的杯子，这些尺寸的自如调整，有助于想象力的发展。如今，商业上的周到照顾，却让孩子在看似多元的世界中，进行着更单一的游戏方式。

小时候我最喜欢玩的两种游戏，是家家酒和开旅馆这两样民生大事。家家酒的游戏后来延伸成二十一年的餐饮投入；而在开旅馆的游戏中，说不定投射的就是我对人与居住空间的幸福想望。

记得小时候，搬弄奶奶、母亲的餐具所玩的家家酒都是有声有色的，排场犹如怀石料理。家家酒的食物虽不能下口，但我心中设想的炒蛋仍是嫩黄松软的，丝瓜藤架上的果实还小，未凋的鲜花就是最好的材料。我的酱油是用泥巴调水再加一点铁锈拌合而成的汁液，这种相似度的实习，跟后来调整颜色的敏感也相关。油呢？那就要在干净的石块上捶打大量的扶桑叶，再滤出透明的黏液才会像。用什么滤？路上可以捡到被更换淘汰的纱窗碎片，一小壶带着绿意、透明的油于焉得哉，比现在高价出售的橄榄油还要美丽。

这些在游戏之间行进，从想象到具象的思考，后来在我装修空间时就反复用上了。不只是方法轨迹的推想，更重要的还有“勇气”——没有经验的事不怕开始，遇到困难时相信解决的方法不但存在，而且可能不止一个。

装修时，必须预想各种条件之间的对话

我的生活中经常同时存在四种需要大量运用想象力的工作：烹饪、缝纫、装修与写作，这些都是无师而成的。不敢说自己是“无师自通”，因为“通”字境界中的“达”对我来说还很遥远，但至少，当每一种工作到临时，我从没想过“我不会”，我知道想象力会支持我从构思到完成。

装修空间、缝纫或烹饪都需要想好再动手，但比起来，烹饪的门槛还是最低，结果也最好接受。一道菜做坏了，顶多就是勉为其难吃掉，有时还能强词夺理地说：这正是我在追求的特色。而缝纫之事如果不想好就动手，遇到困难就得拆除重来，但无论拆除的工作有多细琐，总是在一个人力之下就能完成，也不会有太多废料或污染。

但空间可不是小故事，无论建造或装修出现不满意的结果，要重来就常是比新建更伤神、也多加浪费的工作；如果不能重来，对环境就会造成长时间的美感伤害。建筑师赖特曾说：

“建筑师和医师很相似，他们都是照顾和人有关的环境；但医师是照顾人的内部，建筑师则是外

我常为了节省材料费而要求工班在施作时破除旧有的习惯，或放弃一点小方便，这是想象力给我的支持。

为什么工地经常有这样歪七扭八的插座呢？相信这并不是施工技术不足，而是施作时对日后的空间完全没有赋予任何想象力，如果这排插座一开始就标出整齐的高低，就不用在装修时凿沟补壁。而一般的插座也都安排得太高，使用时电线的问题也会妨碍美观。

部。医师如果犯错，他可以湮灭证据；而建筑师的错误就像墓碑一样触目，只好种爬山虎来遮掩啦！”

建筑虽然是大上许多的工程，但装修也一样有遗祸或造福的影响力，因此，想象力的重要绝不难被了解。

希望大家不要把想象力误解为是天马行空的“乱想”，在空间之中，我认为它更正确的说法或许是：运用所有已知的经验去“预想”一件未知的可能。它包含了许多条件之间的对话与彼此牵扯的关系，例如颜色、形状、明暗、软硬……的总值，想象力的后面其实是由许多背景知识与经验支撑着，因为有所支撑，才能带着信心跨越。

有了想象，才会对美知所取舍

举个大家都熟悉的例子，贝聿铭先生在一九八五年为巴黎卢浮宫所设计的玻璃金字塔，就是多种想象的集合。设计者运用想象力，把人们熟知的古文明建筑透明化了，当他如此设计时，阳光是想象中的重要主角，周边所有的旧建筑也在想象中重叠，人们对于这个设计的反应当然也在想象当中。因此，想象力就是在解决、整合这些错综复杂的问题。

我记得以前曾在电影中看过一个可爱的小故事。片中的女主角一心想成为大美女，她费尽苦心把心目中完美的五官都兜在一张脸上，准备以此来改造自己。当她信心满满地把这样的蓝图拿给好友看，好友只惊讶地问：“这是个外星人吗？”我想，到处取“最好”汇集于一个空间，也会出现这种适得其反的结果。但会有这样的决定，就是因为没有发动自己的想象力，把立体的观照反压成扁平的思维，以为只要把所有的“美”集合在一起，就一定会“更美”。

在我的经验中，想象能发生两种力量：一是“邀请”或说“取”；另一则刚好相反，是“拒绝”或说“放弃”。再美的东西若不是最合适的，也要忍痛割舍，空间要顾的永远是“大局”。

Tips and Ideas 1

你的“眼睛”加“想象”，才是最理想的家饰展示场

● 装修空间必然会遇到选购家具或用品的问题：为什么在家具店看起来很不错的对象，买回家摆放起来却没有现场的感觉好？因为家具店的陈列是一种完整的情调呈现，跟你现有的空间不同，所以，看到一样喜欢的东西，要用想象力把它“搬移”到你想安置的地方，而不要受展示场的氛围影响。

● 拍照不一定有用，眼睛加想象更重要。

● 不要为了某种品牌购买器物，设计感越强的对象与其他环境兼容的可能性越低，要小心处理这样的问题。

● 空间是许多建材的集合，要想象不同建材接连时是否能和谐对味。

Tips and Ideas 2

想象力，绝对是可以自我培养的能力

装修是比较大的功课，不一定常有机会习作，但装饰布置却是经常可做的小练习。我曾为一个小人形制作不同的三件衣服，对孩子说明动手创作的途径，想象力绝对是可以自我培养的能力，创作是多种理解的再生，不只是靠“复制”练习来养成。

| 后记 |

批判与学习

"不了解"或"只了解"是空间设计上的限制，
认为只有"专家"才能解决问题，是让限制继续扩大的原因。
因为我是一个行外之人，写这本书的用意就更简单——
希望能通过分析空间来分析生活，希望分析生活的习惯使我们看到更好的可能。

虽然我在自己的课堂上教的是无关于"室内装修"的课题，却经常有学员会在学做菜时问我，"该如何学习自己打造一个家"。我总是说：要养成批判的态度，无论喜欢或不喜欢一个空间，都要习惯把感觉中的好坏做出具体的描绘，并分析其中的原因。

批判不是简单地归纳喜欢、不喜欢，好美、好难看等感受，而是进行审美过程的自我了解，并陈述有意涵的想法——如果喜欢，是"有理由"的喜欢；如果不欣赏，也是"知道可以更好"的反对。正因如此，批判就有了创建性。我觉得，只有通过这样的赏析习惯，才能更客观地建立自己在任何一种学习上的深度。

现在，我们经常会听到大家用一种堆栈形容的方式来谈论生活。例如美食的讨论是："入口即化、QQ弹牙、挑动味蕾……"接受再多他人的形容，也得不到使自己厨艺进步的方法或增广见闻的感受。而室内设计也是一样，如果我们身处一个空间时，只想得出"好开阔、让人心情好好、生活感十足"或"异材混搭、低调奢华、颓废风华……"之类的用语，累积再多的见识与经历、亲近再多的书籍与照片，其实对于打理居住空间的受益也不会很大。

平日除了与家人分享对于空间的批判之外，我很少有机会跟别人讨论这些看法。但我似乎是从小就知道，人和空间相遇的时候，感官上会起直接的作用，这种直观的感受应该可以通过思考而成为客观的描述。我也了解，有些空间中的形体是直接诉说它的作用，有些则以暗示的方法形成了我们所感受到的另一种价值——“气氛”。而气氛也正是最能超越物质限制（或说堆砌），呈现出人与空间相互关怀的美感与情感。

重看书稿时，我曾经一度想把比较会引发立场争议的部分删去，理由只是因为自己的乡愿，希望不要引起不必要的攻击，例如谈论医院的那段就有种种可能。但就在我起心动念的时候，发生了一件帮助我抛开犹豫的事情。我的工作伙伴嘉华（小米粉）回南部照顾开刀的妹妹，她回三峡后跟我说起在病房大刷特刷肮脏厕所的事，又说，从家里做好送去给幺妹的食物，都要到楼下去拜托“全家超商”微波。我问为什么，医院难道没有调理室吗？嘉华说：“给家属用的微波炉里有好多蟑螂。”她去反映，护理站只说：“不可能，我们都有专人在清理。”

关于空间与生活幸福的事，有太多“不可能”的状况已经发生了，也还在继续中。一如我所住的大楼，建筑设计都是鼎鼎有名的团队，但搬进来这五年，修了挖、挖了修的公共设施真不知有多少，最后，大家都像从冷水被煮起的青蛙般渐渐无感了。我只是很奇怪，对于改善空间的方法，大家似乎从没能运用思考来引发新意。一个电梯间的岗石如果已经敲下来重贴第三次了，为什么一定要坚持用原来的方法修护，而不是直透问题去想，这已经不合适大片建材的施作了，要不要改换另一种材料来解决问题，以求一劳永逸？

“不了解”或“只了解”是空间设计上的限制；一般人不愿多想，或认为只有“专家”才能解决问题，则是让限制继续扩大的原因。因为我是一个行外之人，写这本书的用意就更简单：希望能通过分析空间来分析生活，希望分析生活的习惯使我们看到更好的可能。

| Bubu's Notes and Marks |

我与空间面对面

- 空间的力量不一定是在装修一个房子时才会发生，只要你愿意动手清洁身处的空间，就已经在进行自己对于空间的设计工作了。

- 空间的美有两个活的条件：一是使用；另一是维护。“用”，空间才有人的能量；而“维护”是表达我们对空间的敬意。无论身在何处，人与空间都是彼此照顾、彼此效力的。

- 走出惯有空间的惯有用法，“能掀起一种情感”的颜色集合，才是我们对用色大胆的期待。它的基础必须是“好的”，这种好可以是一种新的用色经验，也可以在不同颜色中扶持相映、抑或反差成趣。不要只是为了大胆而走相反的路，故意制造冲突。

- 空间中的颜色多半都是透过某一种或多种质地的再呈现，更别说光线在不同时段加诸其上的影响，所以它是永远不会被固定的。用更宽广的心去解读、认识颜色与空间的关系，你将会发现它所带来的惊喜，并自动地调整错觉对你的操控。

- 家具是空间的主角，选择家具最是考验我们对于整体空间美感的了解。所以，我的习惯是先思考将会放置哪些家具，或是哪种形式的家具，才开始做空间的整合。

- 材质的选配一如衣着之于场合，重点不在于对象本身好不好，而是配起来恰不恰当。真正适切的质地无关贵贱，只是让人通过一种不必强调的价值或风格，看到设计者知悉生活的眼光；对质地有更深刻的了解，也能用以长补短的方式来创造条件状况内最大的美感。

● 多听听别人的分析，但不要一味听信专家的意见，我们应该更相信自己的眼睛与感觉，来寻找真正合适的光照。技术的确是一种专业，但美的判断还是忠于自己的感受比较好，要努力找到兼顾两者的方法。

● 一个平面起墙造壁之后成为空间，空间中每一个配置应该都有各自积极的意义。空间的建立，在人与自然界的意义上是“安全”，在人与人之间是“隐私”，有了这些决定隔绝与延揽的主控权，才使我们在群体的社会中成为一个更完整的“个人”。

● “混搭”看似一种设计的主张，但它只是人类生活中最大的事实。在我们的生活与文化中是混的多而不混的少，所以，不必把混搭当成新的美学观念，为追逐流行而混，不考虑事实上有没有真的很“搭”。

● 混搭是受影响也同时产生影响的一种设计，所有的混搭细细分析起来，都会看到谁是骨架、谁导风韵的携手合作。如果协调得够好，就有了混而搭的优势，在使用者或欣赏者心中新生出自己的风格与生命。

● 想象力是生活中多种观察集合后的再现，而不是以公式化进行的训练，它绝对是可以自我培养的能力——创作是多种理解的再生，不只是靠“复制”练习来养成。到处取“最好”汇集于一个空间也会适得其反。会有这种决定，就是没有发动自己的想象力，把立体的观照反压成扁平的思维，以为只要把所有的“美”集合在一起，就一定会“更美”。

● 想象能发生两种力量：一是“邀请”或说“取”；另一刚好相反，是“拒绝”或说“放弃”。再美的东西若不是最合适的，也要忍痛割舍，空间要顾的永远是“大局”。

● 家具店的陈列是一种完整的情调呈现，跟你现有的空间不同。所以，看到一样喜欢的东西，要用想象力把它“搬移”到你想安置的地方，而不要受展示场的氛围影响。

图书在版编目（CIP）数据

家与美好生活：打造一个舒适、安定、有趣的生活空间 / 蔡颖卿著 .-- 北京：北京时代华文书局，2018.2

ISBN 978-7-5699-2028-4

Ⅰ. ①家… Ⅱ. ①蔡… Ⅲ. ①家庭生活－通俗读物Ⅳ. ① TS976.3-49

中国版本图书馆 CIP 数据核字 (2017) 第 312921 号

本书由大块文化出版股份有限公司经由明洲凯琳国际文化传媒（北京）有限公司授权北京时代华文书局有限公司独家在中国大陆地区出版简体字版，发行销售地区仅限中国大陆地区，不包含香港澳门地区。

家与美好生活：打造一个舒适、安定、有趣的生活空间

JIA YU MEIHAO SHENGHUO DAZAO YIGE SHUSHI ANDING YOUQU DE SHENGHUO KONGJIAN

著　　者 | 蔡颖卿
摄　　影 | Eric
插　　画 | Pony

出 版 人 | 王训海
选题策划 | 陈丽杰
责任编辑 | 陈丽杰　袁思远
封面设计 | 董茹嘉
内文版式 | 迟　稳
责任印制 | 刘　银　訾　敬

出版发行 | 北京时代华文书局 http://www.bjsdsj.com.cn
北京市东城区安定门外大街 136 号皇城国际大厦 A 座 8 楼
邮编：100011　电话：010－64267955　64267677
印　　刷 | 北京富诚彩色印刷有限公司　010－60904806
（如发现印装质量问题，请与印刷厂联系调换）
开　　本 | 787mm×1092mm　1/16　印　　张 | 16　字　　数 | 240 千字
版　　次 | 2018 年 3 月第 1 版　印　　次 | 2018 年 3 月第 1 次印刷
书　　号 | ISBN 978-7-5699-2028-4
定　　价 | 72.00 元